Heft 647

DEUTSCHER AUSSCHUSS FÜR STAHLBETON

Untersuchungen zum Ermüdungswiderstand von Beton im Bereich sehr hoher Lastwechselzahlen

von

Kerstin Willers
Lutz Gerlach
Nico Herrmann
Frank Dehn

1. Auflage 2024

Herausgeber:
Deutscher Ausschuss für Stahlbeton e.V. – DAfStb

DIN Media GmbH

Vorwort

Durch den Ausbau der Windenergie in Deutschland wurde in den vergangenen Jahrzehnten der Bau von zyklisch beanspruchten Windkrafttürmen stetig vorangetrieben. Für solche Tragstrukturen ist die zutreffende Bestimmung des Ermüdungswiderstandes entscheidend für die Standsicherheit, aber auch für einen wirtschaftlichen Materialeinsatz. Gleichzeitig unterstreicht der zunehmende Instandsetzungsbedarf von Brückenbauwerken im Bundesfernstraßennetz den Bedarf an aktuellen Erkenntnissen für die Beschreibung des Ermüdungswiderstandes von Stahlbeton- und Spannbetonkonstruktionen. Einige der derzeit in Anwendung befindlichen Bemessungskonzepte stammen aus den 1990er Jahren und bedürfen einer umfassenden Weiterentwicklung. Dies trifft insbesondere für die Verwendung von hochfesten Betonen zu, da deren Ermüdungswiderstand in den derzeitigen Nachweisformaten überproportional abgemindert werden muss. Die für eine Normenfortschreibung notwendigen Ermüdungsuntersuchungen an Beton, Betonstahl und deren Verbund sind allerdings mit einem enormen Zeit- sowie Kostenaufwand verbunden und können in einem überschaubaren Zeitraum nur im Verbund von mehreren Forschungsinstituten erfolgen. Aus diesem Grund wurde das Verbundforschungsvorhaben „WinConFat – Materialermüdung von On- und Offshore Windenergieanlagen aus Stahlbeton und Spannbeton unter hochzyklischer Beanspruchung" initiiert. Durch den Zusammenschluss der folgenden acht Forschungseinrichtungen und drei Industriepartner wurden wichtige Fragestellungen zum grundlegenden Materialverhalten von Beton, Betonstahl und deren Verbund unter Ermüdungsbeanspruchungen koordiniert untersucht.

Forschungseinrichtungen:

- Institut für Massivbau, Leibniz Universität Hannover
- Institut für Baustoffe, Leibniz Universität Hannover
- Lehrstuhl für Baustofftechnik, Ruhr-Universität Bochum
- Institut für Massivbau und Baustofftechnologie / Materialprüfungs- und Forschungsanstalt des Karlsruher Instituts für Technologie
- Lehrstuhl und Institut für Massivbau, RWTH Aachen University
- Institut für Massivbau, Technische Universität Dresden
- Lehrstuhl für Werkstoffe und Werkstoffprüfung im Bauwesen, Technische Universität München
- Bundesanstalt für Materialforschung und -prüfung, Berlin

Partner:

- Deutscher Ausschuss für Stahlbeton e. V. (DAfStb)
- Deutscher Beton- und Bautechnik-Verein E.V. (DBV)
- Max Bögl Bauservice GmbH & Co. KG

Gefördert wurde das Verbundforschungsvorhaben innerhalb des Zeitraums von 2016 bis 2021 überwiegend mit Mitteln des Bundesministeriums für Wirtschaft und Energie (BMWi), des DBV und von Max Bögl. Die wichtigsten Erkenntnisse aus diesem Vorhaben wurden in mehreren Titeln der „Grünen Hefte" des DAfStb veröffentlicht, siehe Tabelle 0. Eine übergreifende Zusammenfassung des Vorhabens wurde als DBV-Heft Nr. 52 veröffentlicht. Insbesondere diese Veröffentlichungen sollen zur praktischen Erkenntnisverwertung beitragen, die beabsichtigten Normenfortschreibungen ermöglichen sowie der weiteren Forschung und Anwendung als detaillierte Informationsgrundlage dienen.

Tabelle 0: Aus WinConFat hervorgegangene „Grüne Hefte“ des DAfStb

DAfStb-Heft	Titel	Autoren
644	Ermüdungsverhalten von Beton für unterschiedliche Probekörpergeometrien	Vivian Frei, Marc Thiele, Stephan Pirskawetz, Andreas Rogge
645	Modellhafte Beschreibung des Ermüdungswiderstands von druckschwellbeanspruchtem Beton unter Berücksichtigung von energetischen und frequenzbedingten Materialeffekten	Sebastian Schneider, Matthias Bode, Steffen Marx
646	Wasserinduzierte Ermüdungsschädigung von Beton	Christoph Tomann, Ludger Lohaus
647	Untersuchungen zum Ermüdungswiderstand von Beton im Bereich sehr hoher Lastwechselzahlen	Kerstin Willers, Lutz Gerlach, Nico Herrmann, Frank Dehn
648	Zum festigkeitsabhängigen Ermüdungswiderstand von Beton	Sebastian Schneider, Boso Schmidt, Steffen Marx, Marco Basaldella, Bianca Kern, Nadja Oneschkow, Ludger Lohaus
649	Numerische Modellierung des Ermüdungsverhaltens von normal- und hochfestem Beton	Dennis Birkner, Steffen Marx, Abedulgader Baktheer, Josef Hegger, Rostislav Chudoba
650	Ermüdung von biegebeanspruchten Betonbauteilen aus normal- und hochfesten Betonen	Dennis Birkner, Steffen Marx, David Ov, Rolf Breitenbücher
651	Ultraschallprüfungen zur Erfassung der Schädigungsentwicklung unter verschiedenen Umweltbedingungen und unter zyklischer Druckschwellbelastung	Raúl Beltrán, Vivian Frei, Steffen Marx
652	Ermüdungsverhalten von Betonstahl im Langzeitfestigkeitsbereich, bei Variation der Prüfmethodik sowie unter kombinierter Einwirkung von Korrosion	Stefan Rappl, Kai Osterminski, Christoph Gehlen
653	Verbundverhalten unter Druck- und Zugschwellbeanspruchung von normal- und hochfesten Betonen	Marc Koschemann, Manfred Curbach, Homam Spartali, Abedulgader Baktheer, Josef Hegger, Rostislav Chudoba

Untersuchungen zum Ermüdungswiderstand von Beton im Bereich sehr hoher Lastwechselzahlen

Die Lebensdauer von Tragwerken im konstruktiven Ingenieurbau wird in zunehmendem Maße neben statischen auch durch zyklische Einwirkungen dominiert, die letztlich ein Ermüdungsversagen bedingen können. Beton kommt als meistgenutztem Baustoff im Hoch-, Tief- und Ingenieurbau eine wesentliche Bedeutung zu. Fundierte Kenntnisse zu ertragbaren Lastwechselzahlen N von druckschwellbeanspruchtem Beton beschränken sich aktuell auf den sogenannten Low-Cycle-Fatigue (LCF)-Bereich bis $N = 10^5$ sowie den sogenannten High-Cycle-Fatigue (HCF)-Bereich bis $N = 10^7$. Ermüdungsvorgänge mit Lastwechselzahlen $N > 10^7$ werden formal dem sogenannten Very-High-Cycle-Fatigue (VHCF)-Bereich zugeordnet und sind bisher kaum erforscht. Diese Kenntnislücken betreffen insbesondere auch Windenergieanlagen aus Stahl- und Spannbeton, die sehr hohen Lastwechselzahlen während ihrer Lebensdauer ausgesetzt sind.

Das Verbundforschungsprojekt „WinConFat - Materialermüdung von On- und Offshore Windenergieanlagen aus Stahlbeton und Spannbeton unter hochzyklischer Beanspruchung" beinhaltet mit dem Teilvorhaben 1.4 „Beton unter sehr hohen Lastwechselzahlen" systematische Untersuchungen zum Ermüdungsverhalten von Beton im Bereich hoher und sehr hoher Lastwechselzahlen. Druckschwelluntersuchungen im HCF-Bereich und erstmals auch gezielte Untersuchungen im VHCF-Bereich wurden an Beton dreier verschiedener Festigkeitsklassen versuchstechnisch umgesetzt. Zur Realisierung sehr hoher Lastwechselzahlen wurden für einen Hochfrequenzpulsator schwingfähige Adaptionen entwickelt, um Betonzylinder gezielt mit Belastungsfrequenzen von $f \approx 65$ Hz und $f \approx 130$ Hz beanspruchen und damit Ermüdungsuntersuchungen zeitlich gerafft realisieren zu können. Die Versuche erfolgten unter kontinuierlicher Erfassung der Dehnungs- und Temperaturveränderung der beanspruchten Betonproben. Die im Rahmen der VHCF-Versuche identifizierte Probenerwärmung war die Grundlage zur Festlegung von zwei erhöhten Temperaturniveaus, unter denen Betonzylinder im HCF-Bereich beansprucht wurden. Die bezogenen Ober- und Unterspannungen wurden für alle zyklischen Untersuchungen einheitlich definiert. Zur Einschätzung des Einflusses eines dauerhaft einwirkenden Spannungsanteiles innerhalb eines zyklischen Druckschwellversuchs wurden zudem ergänzend Dauerstanduntersuchungen durchgeführt.

Auf Basis der Versuchsergebnisse dieses Teilvorhabens ließen sich für den HCF- und erstmals auch für den VHCF-Bereich mögliche Einflussfaktoren auf die Ermüdungsfestigkeit von Beton unter Druckschwellbeanspruchung identifizieren. Diese können die Grundlage für ein versuchstechnisch verifiziertes Ingenieurmodell zur Ermüdungsfestigkeit von Beton im hohen und sehr hohen Lastwechselbereich bilden. Die im Rahmen des Teilvorhabens 1.4 erkannten Wissenslücken zum Ermüdungsverhalten von Beton im VHCF-Bereich zeigen, dass insbesondere Ermüdungsversuche mit sehr hohen Lastwechselzahlen im Fokus zukünftiger wissenschaftlicher Untersuchungen stehen müssen, um die Lebensdauer von Tragwerken letztlich verlässlich optimieren und bemessen zu können.

Investigations on fatigue resistance of concrete with very high numbers of load cycles

The service life of civil engineering structures is dominated apart from static actions more and more by cyclic actions which can cause fatigue failure. Concrete is the most used building material in civil and building engineering and therefore of considerable importance. Well-founded knowledge concerning the number of load cycles endurable by concrete under cyclic compression loading is currently limited to the so called Low Cycle-Fatigue (LCF) range up to $N = 10^5$ load cycles as well as the so called High-Cycle-Fatigue (HCF) range up to $N = 10^7$ load cycles. Fatigue scenarios with a number of load cycles $N > 10^7$ are classified as belonging to the Very-High-Cycle-Fatigue (VHCF) range, for this fatigue range currently no significant research work exists. These gaps in knowledge relate in particular to wind turbines made of reinforced and prestressed concrete, which are exposed to very high numbers of load cycles within their service life.

The research project "WinConFat - Material fatigue of onshore and offshore wind turbines made of reinforced concrete and prestressed concrete under high cyclic loading" includes systematic investigations of the fatigue behaviour of concrete in the range of high and very high numbers of load cycles with the sub-project 1.4: "Concrete under very high load cycles". Fatigue tests in the HCF range and, for the first time, specific tests in the VHCF range were carried out with concrete specimens of three different strength classes. In order to realise very high numbers of load cycles, oscillating adaptations were developed for the use of a high-frequency pulsator in order to load concrete cylinders with load frequencies of $f \approx 65$ Hz and $f \approx 130$ Hz and thus to be able to realise fatigue tests in a time-shortened manner. The tests were carried out with continuous recording of the change of strain and temperature of the concrete specimens. The heating of the specimen during the VHCF tests was the basis for determining two increased temperature levels used for the loading of concrete cylinders in the HCF range. The related upper and lower stresses were defined uniformly for all fatigue tests. In order to assess the influence of a permanently acting stress component within a fatigue test, creep tests were carried out in addition.

Based on the test results of this sub-project, factors possibly influencing the fatigue strength of concrete under cyclic compressive stress can be identified for the HCF and, for the first time, for the VHCF range. The detected influencing factors could give the first basis of an engineering model for the fatigue strength of concrete in the high and very high load change range verified by tests. The gaps in knowledge about the fatigue behaviour of concrete in the VHCF range identified in the sub-project 1.4 show that fatigue tests with very high numbers of load cycles must be the focus of further future scientific investigations in order to be able to optimise the service life of structures and their design.

Inhaltsverzeichnis

1 Einleitung

1.1 Motivation

Die Energieerzeugung aus Windkraft ist in den letzten Jahrzehnten stetig vorangeschritten. Windenergieanlagen sind dabei im Onshore- aber zunehmend auch im Offshore-Bereich zu finden. Neben Lastwechselbeanspruchungen aus Wind müssen Windenergieanlagen im Offshore-Bereich zudem Einwirkungen aus Wellen ertragen. Sie werden innerhalb ihrer Lebensdauer damit einer zyklischen Beanspruchung ausgesetzt, sodass dem Ermüdungsnachweis eine wesentliche Bedeutung bei der Bemessung von Windenergieanlagen zukommt. Infolge der Windbeanspruchung erfahren Onshore-Anlagen im Laufe einer geplanten Lebensdauer von 20 bis 25 Jahren bis zu $N = 2 \cdot 10^9$ Lastwechsel, aus Seegang kommen bei Offshore-Anlagen ergänzend $N = 10^8$ Lastwechsel hinzu, sodass Windenergieanlagen damit Lastwechselzahlen im sehr hohen Bereich, dem sogenannten Very-High-Cycle-Fatigue (VHCF)-Bereich ($N > 10^7$) ausgesetzt sind /1/, /2/.

Windenergieanlagen im On- sowie im Offshore-Bereich wurden und werden bisher zum Großteil in Stahlbauweise errichtet. Zunehmend gewinnt jedoch die Verwendung von Stahl- und Spannbetonsegmenten aufgrund von Vorteilen im Herstellungs- und Transportprozess an Bedeutung. Hochfeste Betone zeigen hierbei besondere Vorteile, sodass diese einen bevorzugten Baustoff darstellen könnten. Bisher fehlen jedoch zum Großteil noch die Bemessungsgrundlagen, vor allem im Hinblick auf das Ermüdungsverhalten.

Des Weiteren stehen auch die bisher errichteten Windenergieanlagen aus Stahlbeton- bzw. Spannbeton im Forschungsinteresse. Ein zusätzlich immer stärker in den Fokus drängendes Problem liegt darin, dass bestehende Windenergieanlagen zumeist für eine Nutzungsdauer von lediglich 20 Jahren ausgelegt wurden. Nach Ablauf dieser Nutzungsdauer sind die Tragstrukturen entsprechend dem derzeitigen Nachweiskonzept rechnerisch ermüdet und somit nicht mehr tragfähig. Viele Windenergieanlagen müssten demnach ersetzt werden, obwohl ggf. noch eine weitere Nutzungsdauer bei einem noch ausreichend vorhandenen Ermüdungswiderstand des Betons vorhanden ist.

Mit diesem Verbundforschungsvorhaben wurde die Grundlage für eine verbesserte Nachweisführung gegen die Ermüdung von Beton gelegt und insbesondere die industriemäßige Anwendung hochfester Betone für den Bau von Windenergietragstrukturen vorangebracht. Aktuelle Kenntnislücken, speziell zum Ermüdungsverhalten von hochfestem Beton, dem Betonstahl sowie deren Verbund, wurden näher erforscht. Des Weiteren wurden wesentliche Einflüsse auf die Ermüdungsfestigkeit versuchstechnisch identifiziert. Die Forschungsergebnisse dienen dabei als Grundlage für innovative, kosteneffiziente und dauerhafte Entwicklungen von Turm- und Gründungskonstruktionen aus hochfestem Beton und längere Nutzungsdauern von bestehenden und neuen Windenergieanlagen aus Stahlbeton und Spannbeton. Diese Ziele standen durch die konzertierte Bündelung von Versuchsressourcen mehrerer Forschungsinstitute in diesem Verbundforschungsprojekt im Fokus.

Mit den Ergebnissen des Vorhabens sollte es ermöglicht werden, Windenergieanlagen ökologisch und ökonomisch erstellen und betreiben zu können. Über die Anwendung im Bereich Energieerzeugung hinaus wurden Erkenntnisse gewonnen, die die Verwendung moderner Betone, die unter anderem den Vorteil haben, lokal verfügbar zu sein, auch in anderen Wirtschaftssektoren vorantreiben.

Eine vergleichbare Spanne von Experimenten im Hinblick auf die Ermüdungsfestigkeit von Betonen wurde bisher nicht durchgeführt. Die Untersuchungen am IMB/MPA Karlsruhe des Karlsruher Instituts für Technologie (KIT) speziell zum Ermüdungsverhalten von Beton unter hohen und sehr hohen Lastwechselzahlen waren in Form des Teilvorhabens 1.4 dabei ein wesentlicher Baustein des Verbundforschungsprojekts.

1.2 Zielsetzung der Untersuchungen am IMB/MPA Karlsruhe des Karlsruher Instituts für Technologie (KIT)

Das Teilvorhaben 1.4 „Beton unter sehr hohen Lastwechselzahlen“ im Verbundforschungsprojekt „WinConFat - Materialermüdung von On- und Offshore Windenergieanlagen aus Stahlbeton und Spannbeton unter hochzyklischer Beanspruchung“ befasste sich speziell mit dem Betonverhalten unter hohen und sehr hohen Lastwechselzahlen und wurde am IMB/MPA Karlsruhe des Karlsruher Instituts für Technologie (KIT) umgesetzt. Das Teilvorhaben hatte damit die Aufgabe, den maßgeblichen Beitrag zur Ermittlung von Wöhlerlinien für das noch nahezu unbekannte Ermüdungsverhalten im VHCF-Bereich für den Werkstoff Beton zu schaffen (vgl. Bild 1). Fundierte Kenntnisse zu ertragbaren Lastwechselzahlen von druckschwellbeanspruchtem Beton beschränken sich aktuell auf den sogenannten Low-Cycle-Fatigue (LCF)-Bereich bis $N = 10^5$ sowie den sogenannten High-Cycle-Fatigue (HCF)-Bereich bis $N = 10^7$ (vgl. Bild 1). Lastwechselzahlen $N > 10^7$ werden formal dem sogenannten Very-High-Cycle-Fatigue (VHCF)-Bereich zugeordnet /2/. Wöhlerlinien für zyklisch beanspruchten Beton mit Lastwechselzahlen $N > 10^7$ sind im *fib* Model Code 2010 /3/ enthalten. Diese wurden bisher jedoch fast ausschließlich durch rechnerische Extrapolation gewonnen /4/.

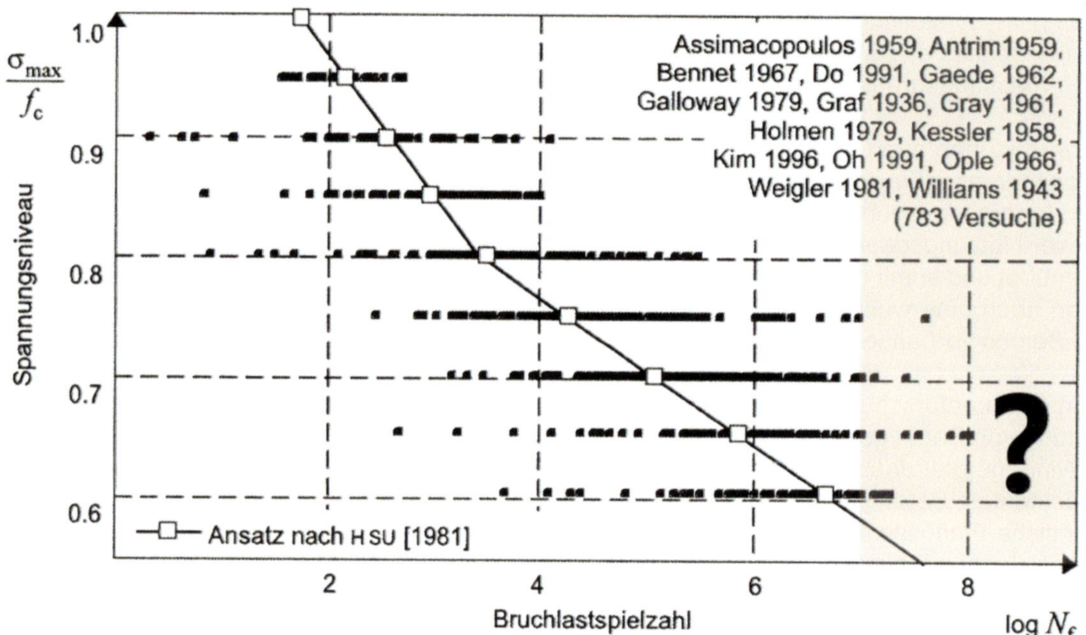

Bild 1: Daten aus verschiedenen Wöhlerversuchen und Ansatz nach HSU /5/

Beim Werkstoff Beton, der heutzutage in vielen Varianten und Festigkeiten hergestellt und eingesetzt wird, sind die Einflüsse auf die Schädigungsvorgänge unter zyklischer Belastung noch nicht in ausreichendem Maße erforscht, um zuverlässige Prognosen über das Verhalten von zyklisch beanspruchten Bauwerken abgeben zu können. Das hier beschriebene Teilvorhaben 1.4 des Verbundvorhabens „WinConFat“ beinhaltet damit einen wesentlichen Themenaspekt zum Erreichen der Gesamtziele des Vorhabens.

Im Rahmen des Teilvorhabens 1.4 am IMB/MPA Karlsruhe wurden

- Ermüdungsversuche im VHCF-Bereich mit Lastspielzahlen von $N \geq 10^7$,
- Versuchsserien im HCF-Bereich mit Lastspielzahlen $N \leq 10^7$ sowie
- statische Dauerstandversuche (Kriech- und Schwindversuche)

durchgeführt, um den Einfluss der Belastungsfrequenz, der dadurch hervorgerufenen Probenerwärmung sowie der Belastungsgeschwindigkeit gezielt zu untersuchen. Damit wurden wesentliche Kenntnisse zum Ermüdungsverhalten für drei unterschiedliche Betone im Bereich hoher und sehr hoher Lastwechselzahlen erarbeitet.

2 Stand der Forschung

Der Planung und Bemessung von Bauwerken aus Stahlbeton oder auch Spannbeton für zyklische Beanspruchungen kommt im Hinblick auf eine lange Nutzungsdauer eine besondere Bedeutung zu. Hierbei sind insbesondere Windenergieanlagen zu nennen, deren Nutzungsdauer bisher zumeist auf 20 Jahre begrenzt ist. Die Ermüdungsbeanspruchungen stellen dabei zumeist die maßgebende und die Nutzungsdauer limitierende Einwirkung dar. Die rechnerisch abschätzbare Nutzungsdauer zyklisch beanspruchter Betonbauwerke basiert auf den derzeitigen Regelungsgrundlagen, die das Ermüdungsverhalten charakterisieren (vgl. /3/). Auf Grund zunehmender exponierter Beanspruchungen, wie z. B. bei Offshore-Bauwerken, bestehen wirtschaftliche aber auch ökologische Bestrebungen, Tragwerke mit zyklischen Beanspruchungen hinreichend genau zu erfassen und unter Berücksichtigung materialspezifischer Nutzungspotentiale die Nutzungszeiträume erhöhen zu können.

Dem Werkstoff Beton kommt eine besondere Bedeutung hinsichtlich offener Fragestellungen zu, da dieser in vielfältigen Ausführungsarten und Festigkeitsklassen hergestellt und eingesetzt wird, mögliche Schädigungsprozesse im Very-High-Cycle-Fatigue (VHCF)-Bereich unter Berücksichtigung verschiedenster Einflussparameter jedoch nicht umfassend erforscht sind. Insbesondere Untersuchungsergebnisse zum Ermüdungsverhalten von Beton bei Lastwechselzahlen $N \geq 10^7$ stehen aktuell kaum zur Verfügung /4/.

Wöhlerlinien können die Grundlage zur Abschätzung ertragbarer Lastwechselzahlen von Beton innerhalb einer definierten Mindestnutzungsdauer bilden. Diese beschränken sich jedoch auf prüftechnisch verifizierte Lastwechselzahlen bis ca. $N = 10^7$. Wöhlerlinien für den Bereich hoher Lastwechselzahlen ($N > 10^7$) wurden auf Basis der wenigen vorhandenen Daten extrapoliert. Auf Grund der Vielfalt an materialspezifischen und prüftechnischen Einflüssen auf den Ermüdungswiderstand von Beton, stellt die Ermüdungsthematik prinzipiell ein komplexes Themenfeld dar /4/, das vor allem im Hinblick auf das Ermüdungsverhalten unter sehr hohen Lastwechselzahlen noch erhebliche Wissenslücken aufweist. Auf Grund der erforderlichen langen Versuchszeiten bei einer Beanspruchung von Beton mit sehr hohen Lastwechselzahlen sind hohe Beanspruchungsfrequenzen von essentieller Bedeutung.

In den vergangenen Jahrzehnten wurden verschiedene Untersuchungen zum Ermüdungsverhalten von Beton durchgeführt, jedoch beschränkten sich die meisten dieser Untersuchungen auf Lastwechselzahlen von $N \leq 2 \cdot 10^6$. Hierbei sind u.a. die Untersuchungen von Sparks und Menzies /6/, Thiele /7/, Oneschkow /8/, von der Haar /9/ und Hohberg /10/ zu nennen. Die Zusammenstellung in Tabelle 1 gibt einen Überblick über durchgeführte Ermüdungsuntersuchungen an Beton mit Beanspruchungsfrequenzen im Bereich von f = 0,1 Hz bis f = 20 Hz.

Tabelle 1: Ermüdungsuntersuchungen an Beton im hohen Lastwechselbereich mit Beanspruchungsfrequenzen f ≤ 20 Hz in Anlehnung an /4/

Literaturstelle	Probenformat [mm]	Betongüte bzw. mittlere Betonfestigkeit f_{cm}	Bezogene Unterspannung $S_{c,min}$ [-]	Bezogene Oberspannung $S_{c,max}$ [-]	Belastungsfrequenz [Hz]
Sparcs und Menzies [8]	102 x 102 x 203	30 N/mm² bzw. 20 N/mm²	0,33	0,7 bis 0,9	k. A.
Thiele [9]	d = 100 / h = 300	C40/50	0,35 / 0,425	0,75 / 0,825	5
Oneschkow [10]	d = 60 / h = 180	C80/95	0,05	0,6 bis 0,95	10
Haar [11]	d = 100 / h = 300	C50/60	0,05	0,6 bis 0,8	10
Hohberg [12]	d = 100 / h = 300	B25 rec B25 jap B25 B45 B95	< 0,1	0,5 bis 0,87	0,1 bis 20
Holmen [13]	d = 100 / h = 280	C40/45	0,05	0,675 bis 0,95	1 bis 10
Isojeh, El-Zeghayar und Vecchio [15]	d = 100 / h = 200	23,1 N/mm² 46,2 N/mm² 52,8 N/mm² 55,8 N/mm²	< 0,03	0,69 bis 0,80	1 bis 5
Gao und Hsu [4]	100 x 100 x 300	34,6 N/mm² 44,6 N/mm² 76,0 N/mm²	0,1 bis 0,15	0,6 bis 0,90	4
Kim und Kim [16]	d = 100 / h = 200	26 N/mm² 52 N/mm² 84 N/mm² 103 N/mm²	0,25	0,95 0,85 0,80 0,75	1

Ein Überblick über bisherige Untersuchungen im VHCF-Bereich ist der Veröffentlichung „Ermüdungscharakteristika von Hochleistungsbeton bei sehr hohen Lastwechselzahlen" /4/ und Tabelle 2 zu entnehmen.

Tabelle 2: Ermüdungsuntersuchungen an Beton im sehr hohen Lastwechselbereich mit einer Beanspruchungsfrequenz f > 20 Hz in Anlehnung an /4/

Literaturstelle	Probenformat [mm]	Betongüte bzw. mittlere Betonfestigkeit f_{cm}	Bezogene Unterspannung $S_{c,min}$ [-]	Bezogene Oberspannung $S_{c,max}$ [-]	Belastungsfrequenz [Hz]
Tepfers, Fridén und Georgsson [17]	d = 25 mm / h = 50 mm	20,9 N/mm²	0,14 0,15 0,16 0,17	0,70 0,75 0,80 0,85	150 bis 200
Weigler und Freitag [17]	d = 50 mm / h = 100 mm	Leichtbeton LB350 / 45 N/mm²	0,2 bis 0,4	0,54 bis 0,79	200
Klausen [19]	d = 50 mm / h = 100 mm	44 N/mm²	0,05 bis 0,4	0,63 bis 0,84	200
Karr et al. [20]	d = 21 mm / h = 100 mm	80 N/mm²	0,06	0,44 0,50 0,56	750 bis 1700 (diskontinuierlich - je 200 ms mit 20 kHz)
		107 N/mm²	0,04	0,38 0,43	

Ermüdungsuntersuchungen erfolgen zumeist unter der kontinuierlichen Messung der Dehnung bzw. Verformung. Das Ermüdungsverhalten von Beton im Druckschwellbereich ist üblicherweise durch einen dreiphasigen Verlauf geprägt. In Bild 2 ist der prinzipielle Verlauf der Dehnung unter Ermüdungsbeanspruchung unter Angabe des Dehnungsanstiegs auf dem Oberspannungsniveau $\dot{\varepsilon}_{sec,max}$ und Unterspannungsniveau $\dot{\varepsilon}_{sec,min}$ aufgeführt. Die Ermüdungsphase II wird zumeist dem Bereich zwischen einer bezogenen Lastwechselzahl $N/N_{max} \approx 0{,}2$ und $N/N_{max} \approx 0{,}8$ zugeordnet.

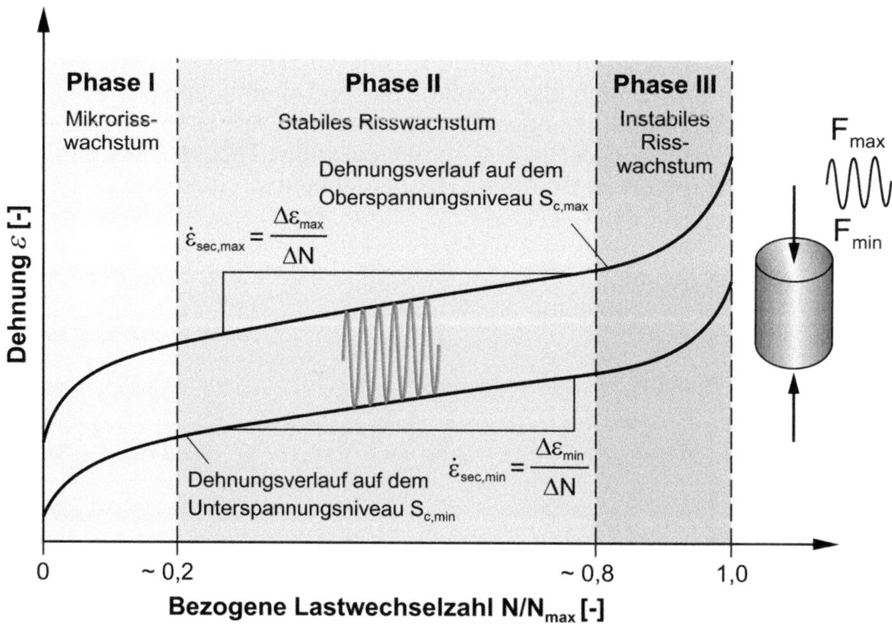

Bild 2: Dehnungsentwicklung unter Ermüdungsbeanspruchung in Anlehnung an /4/

In mehreren Arbeiten wurde zudem der Einfluss der Beanspruchungsfrequenz auf die Ermüdungsfestigkeit von Beton untersucht und eine deutliche Erhöhung der Ermüdungsfestigkeit mit steigender Frequenz festgestellt /11/. Bei Windenergieanlagen liegt die maßgebliche Beanspruchung jedoch im niederfrequenten Bereich. Aus diesem Grund sind hochfrequente Ermüdungsuntersuchungen mit Lastwechselzahlen im hohen und sehr hohen Bereich erforderlich, um zeitlich gerafft Versuchsergebnisse zu erhalten. Die Übertragung hochfrequenter Beanspruchungen auf real niederfrequent beanspruchte Bauteile ist im Detail noch zu erforschen.

3 Versuchsmatrix

Im Rahmen des Teilvorhabens 1.4 „Beton unter hohen Lastwechselzahlen“ war der bisher weitgehend unbekannte Lastwechselbereich $N \geq 10^7$ im Rahmen von VHCF-Versuchen an kleinformatigen Probeköpern d/h = 28 mm/56 mm unter Druckschwellbeanspruchung zu untersuchen. Ergänzt wurden diese Untersuchungen durch HCF-Versuche und statische Dauerstandversuche (Kriechuntersuchungen in Verbindung mit Schwinduntersuchungen) mit Probekörpern d/h = 100 mm/200 mm bei unterschiedlichen Umgebungstemperaturen. Es wurden insgesamt drei Betonfestigkeitsklassen untersucht: C40, C80 sowie C120. Die Rezepturen der drei Betone wurden durch die Max Bögl Bauservice GmbH & Co.KG entwickelt, dort wurden sie auch hergestellt. Der Größtkorndurchmesser wurde bei den kleinen Proben mit 8 mm und bei den großen Proben mit 16 mm festgelegt.

Für die VHCF-Versuche wurde am IMB/MPA Karlsruhe ein sogenannter Hochfrequenzpulsator der Firma ZwickRoell des Typs 150HFP5000 eingesetzt, der vorrangig für zyklische Metallprüfungen im Zugschwellbereich verwendet wird. Die Grundvoraussetzung zur Umsetzung von Druckschwelluntersuchungen an Betonproben bestand daher darin, zunächst den elektromagnetisch betriebenen Hochfrequenzpulsator mit schwingfähigen Adaptionen zu versehen, die zu einer Belastungsfrequenz an den Proben von ca. 65 Hz bzw. ca. 130 Hz führen.

In den Ermüdungsuntersuchungen im VHCF-Bereich war neben der Erfassung der Materialdehnung in Längsrichtung auch die kontinuierliche Messung der Probentemperatur von wesentlicher Bedeutung. Die sich im Rahmen der VHCF-Versuche einstellende Temperatur war die Grundlage zur Festlegung der erhöhten Umgebungstemperatur bei der Durchführung von Ermüdungsuntersuchungen im HCF-Bereich sowie bei den statischen Dauerstandversuchen (Kriechversuchen) an den größeren Probenkörpern d/h = 100 mm/200 mm.

Die Spanne der zu verwendenden Beanspruchungsfrequenz umfasst einen Bereich von 1 Hz bis ca. 130 Hz bei verschiedenen Ober- und Unterspannungen. Die Versuche wurden so umgesetzt, dass das Belastungsalter > 90 Tage betrug.

Der detaillierte Arbeitsplan des Teilvorhabens (vgl. Tabelle 3) gliederte sich in verschiedene Arbeitspunkte. Die untersuchten Proben wurden in verschiedenen Chargen, jedoch unter Verwendung der jeweils gleichen Betonmischung für die definierten Betonfestigkeitsklassen (C40, C80 und C120) hergestellt.

- Der erste Arbeitspunkt beinhaltete neben Druckschwellversuchen in servo-hydraulischen Prüfmaschinen bei Lastwechselzahlen von $N \leq 2 \cdot 10^6$, die Entwicklung einer Versuchsmethode und der zugehörigen Versuchstechnik, die es unter Nutzung eines Hochfrequenzpulsators (HFP) ermöglicht hat, kleinformatige Zylinderproben mit sehr hohen Lastwechselzahlen im VHCF-Bereich ($N \geq 10^7$) bei definierten Beanspruchungsfrequenzen zu beanspruchen. Die Belastungsfrequenzen lagen hier bei ca. f = 65 Hz und f = 130 Hz.

- Der zweite Arbeitspunkt umfasste zudem die Ermittlung von Verformungs- und Temperaturcharakteristika bei Druckschwellbeanspruchungen. Im Zentrum der Versuche stand hierbei die Quantifizierung der stärkeren Probenerwärmung bei hochfrequenten Versuchen und deren Berücksichtigung bei Dauerstand- und HCF-Versuchen. Die erhöhten Temperaturniveaus von ca. +35 °C und ca. +70 °C wurden berücksichtigt.

- Neben VHCF- und HCF-Versuchen an Betonzylinderproben wurden Kriechversuche bei Raumtemperatur sowie bei ca. +70 °C an Zylinderproben durchgeführt. Für die versuchstechnische Umsetzung der Kriechversuche bei ca. +70 °C wurden IMB/MPA Karlsruhe angefertigte Temperierkammern für die Versuche eingesetzt.

Tabelle 3: Zusammenstellung der im Arbeitspaket 1.4 durchgeführten Versuche am IMB/MPA Karlsruhe

	Versuchsparameter					Betone bzw. Versuchsanzahl		
	Zyl. D/h	f	σ_{min}/f_c	σ_{max}/f_c	Temp.	C40	C80	C120
	mm	Hz	-	-	°C			
1	2	3	4	5	6	7	8	9
VHCF-Versuche mit $N \geq 10^7$	ca. 30/60	50	0,20	0,65	20	3	3	3
			0,40	0,75		3	3	3
			0,60	0,80		3	3	3
		100	0,20	0,65		6	3	6
			0,40	0,75		3	3	3
			0,60	0,80		6	3	6
HCF-Versuche mit $N \leq 2 \cdot 10^6$	100/200	1	0,40	0,75	20	1	1	1
					35 [1)]	1	1	1
					70 [1)]	1	1	1
		5	0,40	0,75	20	3	3	3
					35 [1)]	3	3	3
					70 [1)]	3	3	3
Kriechversuche	100/200	-	-	0,75	20	2	2	2
					70 [1)]	2	2	2

[1)] Die Temperaturhöhe orientiert sich an den Messergebnissen der VHCF-Versuche

- Der letzte Arbeitspunkt beinhaltete eine umfassende Auswertung und die Zusammenführung aller gewonnenen Versuchsdaten. Des Weiteren erfolgte eine Interpretation der Ergebnisse im Hinblick auf die Ableitung wesentlicher Einflussfaktoren auf das Ermüdungsverhalten von Beton im HCF- und VHCF-Bereich zur Entwicklung eines versuchstechnisch verifizierten Ingenieurmodells.

4 Versuchstechnische Umsetzung sowie Zusammenstellung der Ergebnisse der Ermüdungsversuche im Very-High-Cycle-Fatigue (VHCF)-Bereich

4.1 Allgemeines

Zur Umsetzung der Ermüdungsuntersuchungen im VHCF-Bereich waren zunächst Überlegungen und Ansätze notwendig, um die benannten Druckschwellversuche im Hochfrequenzpulsator ZwickRoell Typ 150HFP5000 (vgl. Bild 3) in unterschiedlichen Frequenzbereichen umsetzen zu können. Die Probengröße der Betonzylinder wurde im Verbundvorhaben mit d/h = 28 mm/56 mm für die Versuche im sehr hohen Frequenzbereich festgelegt.

Der wesentliche Vorteil der Nutzung einer elektromagnetischen Prüfeinrichtung besteht in der elektrischen Erzeugung von Resonanzschwingungen über einen Elektromagneten und einem gegenüberliegenden Ankerkörper. Der zu belastende Versuchskörper, einschließlich einer schwingenden Adaptionsvorrichtung, stellt das elastische Glied dar. Der Hochfrequenzpulsator mit dem Prüfkörper ist damit ein Zweimassenschwinger. Durch Aktivierung des Elektromagneten wird das gesamte Prüfsystem in seiner Eigenfrequenz unter Kompensation auftretender Verluste angeregt /17/. Neben einer stark verkürzten Versuchszeit gehen mit dieser Prüfweise deutlich geringere Laufzeitkosten als bei servo-hydraulischen Prüfeinrichtungen sowie die Möglichkeit der Erzeugung sehr hoher Belastungsfrequenzen einher.

Da diese Prüfmaschine ursprünglich für schwingfähige Metallproben auf Zugbeanspruchung benutzt wurde, musste zuerst eine Konstruktion entwickelt werden, die die zu prüfende Betonprobe schwingfähig in einen Gesamtaufbau integriert, der ausschließlich auf Druck belastet wird.

Bild 3: Hochfrequenzpulsator (HFP) am IMB/MPA Karlsruhe

Testläufe im Hochfrequenzpulsator zeigten Eigenfrequenzen des Aufbaus inklusive Probe, die in guter Näherung zu den vorgesehenen Beanspruchungsfrequenzen der VHCF-Versuche lagen, was durch weitere Versuchsreihen verifiziert werden konnte.

Zur Erzeugung hochfrequenter Druckschwellbeanspruchungen wurde der Hochfrequenzpulsator letztendlich mit zwei verschiedenen schwingenden Vorrichtungen versehen. Damit war gezielt eine Beanspruchungsfrequenz von ca. 65 Hz bzw. ca. 130 Hz in den Ermüdungsversuchen möglich (vgl. Bild 4). Je nach vorhandener Betonfestigkeit und Beanspruchungsniveau der Proben variierten die Beanspruchungsfrequenzen geringfügig.

Bild 4: Hochfrequenzpulsator mit einer schwingfähigen Vorrichtung zur Erzeugung einer zyklischen Druckschwellbeanspruchung auf einem Betonzylinder /4/

Die Probendehnung wurde über zwei gegenüberliegend applizierte Dehnmessstreifen (DMS) mit einer Länge von 30 mm aufgezeichnet. Ergänzend wurde die Umgebungstemperatur sowie die Temperaturveränderung während der Ermüdungsbeanspruchung in mittlerer Probenhöhe über einen IR-Sensor detektiert. Die verwendeten Messmittel sowie die Spezifizierung des Hochfrequenzpulsators sind in Tabelle 4 zusammengestellt. Alle Messgrößen wurden kontinuierlich mit einem zeitlichen Abstand von zwei Minuten mit einer ausreichend hohen Abtastrate erfasst und gespeichert. Dieses Zeitintervall hat sich auf Basis der Voruntersuchungen als ausreichend genau herausgestellt, um Veränderungen der Probenkennwerte und auch einen möglichen Übergang in die Versagensphase (Phase III, siehe Bild 2) hinreichend genau zu erfassen.

Die Auswertung der Versuche erfolgte unter gezielter Reduktion der gesamten Versuchsdaten, um die Auswertbarkeit zu ermöglichen sowie die Datenmengen in handhabbare Grenzen zu halten, ohne dabei maßgebliche Probenveränderungen zu vernachlässigen.

Die ermittelten Betonkennwerte der kleinformatigen Proben d/h = 28 mm/56 mm sind Anhang B zu entnehmen. Die konkreten Ober- und Unterlasten je Beanspruchungsniveau wurden auf Basis der ermittelten Betondruckfestigkeit f_c für die verschiedenen Betone bestimmt. Zum Zeitpunkt des Beginns der jeweiligen Ermüdungsversuche im VHCF-Bereich wiesen alle Proben ein Betonalter von > 90 Tagen auf.

Tabelle 4: Versuchstechnische Details - Hochfrequenzpulsator

1	2
Verwendung	Zyklische Druckschwellversuche im VHCF-Bereich gemäß Tabelle 3
Hersteller	Zwick/RoellAmsler
Typ	150HFP5000, elektro-mechanische Prüfmaschine und Hochfrequenzpulsator
Gemessene Größen	Zeit Kraft Dehnung Oberflächentemperatur in mittlerer Probenhöhe Umgebungstemperatur
Messtechnik	Kraftmesssystem der Prüfmaschine Dehnmesstreifen, l = 30 mm Infrarotsensor mit ca. 50 mm Abstand zur Betonoberfläche in mittlerer Probenhöhe positioniert Thermoelement K zur Messung der Umgebungstemperatur
Bemerkungen	Der Laborraum weist ganzjährig eine Lufttemperatur von ca. 20 °C auf. Verwendung einer kleinformatigen Kalotte bei einer Beanspruchungsfrequenz f ≈ 65 Hz zur Sicherstellung einer vollflächigen Belastung (vgl. Bild 5). Geometrischer Abgleich der Grundflächen der kleinformatigen Betonzylinder bei Beanspruchungsfrequenz f ≈ 130 Hz zur Sicherstellung einer vollflächigen Belastung (vgl. Bild 6).

Bild 5: Belastungsweise eines Betonzylinders mit einer Belastungsfrequenz von ca. 65 Hz im Hochfrequenzpulsator unter Verwendung einer geschmierten Kalotte

Bild 6: Belastungsweise eines Betonzylinders mit einer Belastungsfrequenz von ca.130 Hz im Hochfrequenzpulsator

Aufgrund des begrenzt zur Verfügung stehenden Prüfraums im Hochfrequenzpulsator einschließlich der eingesetzten Schwingvorrichtung, war der Einsatz einer kleinformatigen Kalotte bei den VHCF-Versuchen mit einer Belastungsfrequenz von ca. 130 Hz nicht gegeben. Die Versuchsergebnisse zeigen prinzipiell keinen erkennbaren Einfluss auf die Messergebnisse aufgrund der geringfügig veränderten Belastungsweise.

Eine prinzipielle Verifizierung der Ober- und Unterlasten der aufgebrachten Sinusschwingungen erfolgte durch Vergleichsmessungen mit einer externen Kraftmessdose über ca. 10 000 Lastzyklen in den Kraftbereichen, die in den Versuchen relevant waren. Die Abweichungen zu den Sollwerten der Ober- und Unterlast betrugen dabei zumeist weniger als 4 %. Exemplarisch ist in Bild 7 ein verifizierter Kraftbereich in Form von Sinusschwingungen im Verhältnis zu den Sollwerten der Ober- und Unterlast aufgeführt.

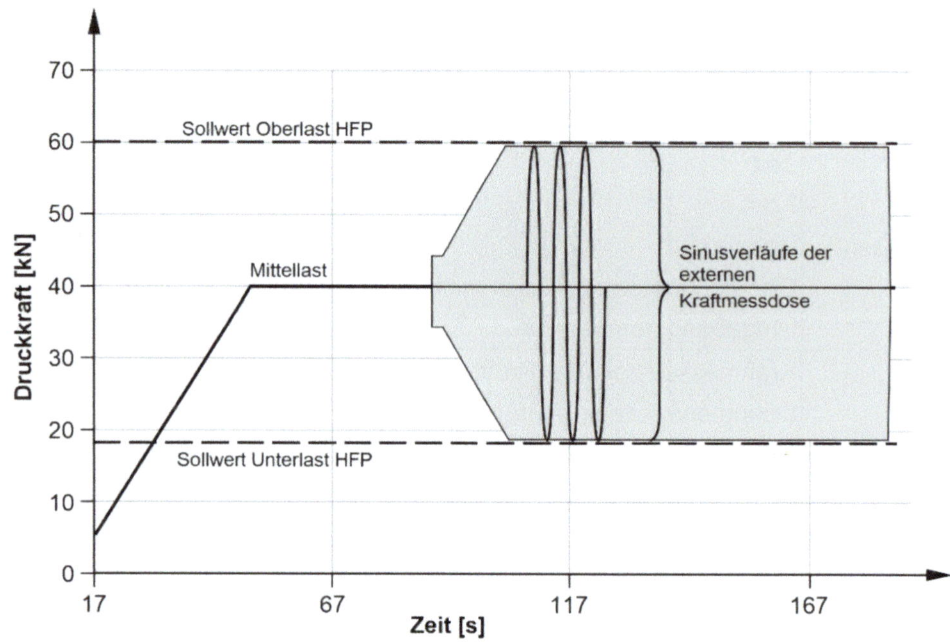

Bild 7: Verifizierung der Kraftaufbringung des Hochfrequenzpulsators in Anlehnung an /4/

4.2 Versuchsergebnisse der VHCF-Versuche

Im folgenden Abschnitt werden die Versuchsergebnisse der VHCF-Versuche tabellarisch aufgeführt. Zur Abschätzung der Probensteifigkeit wurde jeweils aus dem ersten statischen Belastungsast bis zum Solllastniveau der E-Modul als Sekantenmodul bestimmt. Die Auswertung der Versuche erfolgte unter Ermittlung der logarithmierten Dehnungsanstiege in Phase II unter Unter- und Oberlast (log $\dot{\varepsilon}_{sec,min}$ und log $\dot{\varepsilon}_{sec,max}$). Die Phase II wurde dabei im bezogenen Lastwechselbereich zwischen N/N_{max} = 0,3 und N/N_{max} = 0,7 einheitlich definiert.

Die Betonzylinderproben wurden in verschiedenen Chargen angeliefert. Hervorzuheben ist hierbei, dass eine gezielte Auswahl der Proben vorgenommen wurde, die für die Druckschwellprüfungen im Hochfrequenzpulsator als geeignet eingestuft wurden. Ziel war es, mögliche Auswirkungen aufgrund der äußeren Probenbeschaffenheit in den Ermüdungsuntersuchungen zu minimieren.

Bild 8: Betonzylinderproben d/h = 28 mm/56 mm

Es wurden die drei Belastungsniveaus auf Basis der definierten bezogenen Spannungen (vgl. Tabelle 3) festgelegt:

- $\sigma_{min}/f_c = S_{c,min} = 0{,}2$ und $\sigma_{max}/f_c = S_{c,max} = 0{,}65$
- $\sigma_{min}/f_c = S_{c,min} = 0{,}4$ und $\sigma_{max}/f_c = S_{c,max} = 0{,}75$ sowie
- $\sigma_{min}/f_c = S_{c,min} = 0{,}6$ und $\sigma_{max}/f_c = S_{c,max} = 0{,}8$.

Vereinzelt wurden Belastungsniveaus mit der Betonfestigkeitsklasse C120 zur Versuchskörperanzahl in Tabelle 3 ergänzt (vgl. Tabelle 14). Je Betonfestigkeitsklasse wurden die Probenabmessungen gemäß Anhang A und die Materialkennwerte der Betone gemäß Anhang B verwendet.

Die Versuche wurden entsprechend den definierten Randbedingungen in Tabelle 3 durchgeführt. Es wurden bereits nach den ersten Versuchsdurchläufen festgestellt, dass die Proben nach $N = 10^7$ Lastwechseln zumeist kein Versagen zeigten. Daher wurden bei einem Großteil der Versuche die Versuchsrandbedingungen explizit erweitert. Der Beanspruchungszeitraum, und damit einhergehend die Lastwechselzahl, wurde erhöht. Dennoch trat im überwiegenden Teil der Versuche kein Versagen der Probeköper auf. Damit war eine Beobachtung des üblichen Ermüdungsverhaltens (vgl. Bild 2) nur sehr vereinzelt möglich.

4.2.1 VHCF-Versuche mit Proben der Betonfestigkeitsklasse C40

Die Ergebnisse der VHCF-Versuchsreihe der Betonfestigkeitsklasse C40 sind den Tabellen 5 bis 8 zu entnehmen.

Tabelle 5: Versuchsbedingungen der Ermüdungsversuche im VHCF-Bereich der Betonfestigkeitsklasse C40 bei einer Belastungsfrequenz $f \approx 65$ Hz

Probennummer	Probenalter	E-Modul vor Versuch [1)]	$S_{c,min}$	$S_{c,max}$	F_{min}	F_{max}	log N	Versuchsende
–	d	N/mm²	–	–	kN	kN	–	–
1	2	3	4	5	6	7	8	9
C40_VHCF_C2_10a	298	24086	0,2	0,65	6	18	7,0	Durchläufer
C40_VHCF_C2_10b	300	16380					6,6	Bruch
C40_VHCF_C2_13	375	30220					7,0	Durchläufer
C40_VHCF_C2_18	389	35317					7,2	Durchläufer
C40_VHCF_C2_11	305	31288	0,4	0,75	12	21	7,3	Durchläufer
C40_VHCF_C2_15	377	34924					7,0	Durchläufer
C40_VHCF_C2_19	391	30084					7,0	Durchläufer
C40_VHCF_C2_12	365	33263	0,6	0,8	17	23	7,0	Durchläufer
C40_VHCF_C2_17	298	33781					7,0	Durchläufer
C40_VHCF_C2_23	300	28406					7,0	Durchläufer

[1)] Sekanten-E-Modul abgeleitet aus dem statischen Belastungsast beim Anfahren auf das Ausgangslastniveau

Tabelle 6: Versuchsbedingungen der Ermüdungsversuche im VHCF-Bereich der Betonfestigkeitsklasse C40 bei einer Belastungsfrequenz f ≈ 130 Hz

Probennummer	Proben-alter	E-Modul vor Versuch [1)]	$S_{c,min}$	$S_{c,max}$	F_{min}	F_{max}	log N	Versuchsende
–	d	N/mm²	–	–	kN	kN	–	–
1	2	3	4	5	6	7	8	9
C40_VHCF_8	279	32204	0,2	0,65	6	19	7,3	Durchläufer
C40_VHCF_9	232	36125					7,8	Durchläufer
C40_VHCF_10	239	33479					7,0	Durchläufer
C40_VHCF_11	253	35118					-	Abbruch
C40_VHCF_18	240	37669					7,6	Durchläufer
C40_VHCF_6	108	35443	0,4	0,75	11	21	7,8	Durchläufer
C40_VHCF_13	127	21798					7,0	Durchläufer
C40_VHCF_21	274	35575					7,2	Durchläufer
C40_VHCF_22	286	33576					7,0	Durchläufer
C40_VHCF_24	282	30593					7,0	Durchläufer
C40_VHCF_15	119	30523	0,6	0,8	17	23	7,0	Durchläufer
C40_VHCF_16	220	21470					7,5	Durchläufer
C40_VHCF_17	225	33747					7,0	Durchläufer
C40_VHCF_19	227	30212					7,5	Durchläufer
C40_VHCF_25	247	36577					7,6	Durchläufer
C40_VHCF_C2_40	460	34178					7,0	Durchläufer
C40_VHCF_C2_42	463	34999					7,6	Durchläufer

[1)] Sekanten-E-Modul abgeleitet aus dem statischen Belastungsast beim Anfahren auf das Ausgangslastniveau

Tabelle 7: Auswertung der Ermüdungsversuche im VHCF-Bereich der Betonfestigkeitsklasse C40 bei einer Belastungsfrequenz f ≈ 65 Hz

Probennummer	ε_{max}	log $\dot{\varepsilon}_{sec,max}$	log $\dot{\varepsilon}_{sec,min}$	ΔT	$S_{c,min}$	$S_{c,max}$	log N	Versuchsende
–	µm/m	–	–	K	–	–	–	–
1	2	3	4	5	6	7	8	9
C40_VHCF_C2_10a	2389	-10,49	-10,52	4,1	0,2	0,65	7,0	Durchläufer
C40_VHCF_C2_10b	2736	-10,41	-10,46	3,5			6,6 [1)]	Bruch
C40_VHCF_C2_13	1529	-10,79	-10,92	3,4			7,0	Durchläufer
C40_VHCF_C2_18	1186	-11,06	-11,10	2,6			7,2	Durchläufer
C40_VHCF_C2_11	1728	-11,04	-11,03	2,3	0,4	0,75	7,3	Durchläufer
C40_VHCF_C2_15	1408	-10,92	-10,92	2,1			7,0	Durchläufer
C40_VHCF_C2_19	1444	-10,88	-10,88	1,4			7,0	Durchläufer
C40_VHCF_C2_12	1684	-10,94	-10,94	1,5	0,6	0,8	7,0	Durchläufer
C40_VHCF_C2_17	1512	-11,02	-11,02	1,8			7,0	Durchläufer
C40_VHCF_C2_23	1821	-11,07	-11,05	0,9			7,2	Durchläufer

1) Versagen der Probe nach Belastungsteilen a) und b) bei log N ≈ 7,2 / Gesamte Erwärmung aus a) und b): ΔT = 5,2 K

Tabelle 8: Auswertung der Ermüdungsversuche im VHCF-Bereich der Betonfestigkeitsklasse C40 bei einer Belastungsfrequenz f ≈ 130 Hz

Probennummer	ε_{max}	log $\dot{\varepsilon}_{sec,max}$	log $\dot{\varepsilon}_{sec,min}$	ΔT	$S_{c,min}$	$S_{c,max}$	log N	Versuchsende
–	µm/m	–	–	K	–	–	–	–
1	2	3	4	5	6	7	8	9
C40_VHCF_8	1329	-11,04	-11,04	4,3	0,2	0,65	7,3	Durchläufer
C40_VHCF_9	1162	-11,56	-11,59	3,0			7,8	Durchläufer
C40_VHCF_10	1104	-11,05	-11,03	3,1			7,0	Durchläufer
C40_VHCF_11	975	-10,85	-10,88	3,2			6,7	Durchläufer [1)]
C40_VHCF_18	1108	-11,47	-11,46	4,3			7,6	Durchläufer
C40_VHCF_6	1738	-11,41	-11,40	4,2	0,4	0,75	7,8	Durchläufer
C40_VHCF_13	1520	-10,95	-10,83	2,1			7,0	Durchläufer
C40_VHCF_21	998	-11,51	-11,51	2,2			7,2	Durchläufer
C40_VHCF_22	1389	-10,95	-10,94	2,5			7,0	Durchläufer
C40_VHCF_24	1565	-10,84	-10,83	2,5			7,0	Durchläufer
C40_VHCF_15	2497 [2)]	-10,88	-10,87	1,7	0,6	0,8	7,0	Durchläufer
C40_VHCF_16	1404	-11,64	-11,59	0,3			7,5	Durchläufer
C40_VHCF_17	1296	-10,91	-10,91	0,8			7,0	Durchläufer
C40_VHCF_19	1595	-11,32	-11,31	0,7			7,5	Durchläufer
C40_VHCF_25	1508	-11,48	-11,41	0,8			7,6	Durchläufer
C40_VHCF_C2_40	1384	-11,23	-11,22	0,7			7,0	Durchläufer

1) Abbruch des Versuchs aufgrund der Abschaltung der Regelungstechnik

2) Probe wurde vor dem Ermüdungsversuch zunächst für ca. 92 h mit einer Oberlast von $0{,}8 \cdot f_c$ belastet

Exemplarisch und repräsentativ für die o.g. Versuchsreihe der VHCF-Versuche an der Betonfestigkeitsklasse C40 zwischen den Ober- und Unterspannungen

- $S_{c,min}$ = 0,2 und $S_{c,max}$ = 0,65,
- $S_{c,min}$ = 0,4 und $S_{c,max}$ = 0,75 und
- $S_{c,min}$ = 0,6 und $S_{c,max}$ = 0,8

werden ausgewählte Versuchsergebnisse graphisch aufgetragen und verdeutlicht (vgl. Bilder 9 bis 20).

4.2.1.1 Graphische Darstellung zweier VHCF-Versuche der Betonfestigkeitsklasse C40 bei einem Beanspruchungsniveau von $S_{c,min}$ = 0,2 und $S_{c,max}$ = 0,65

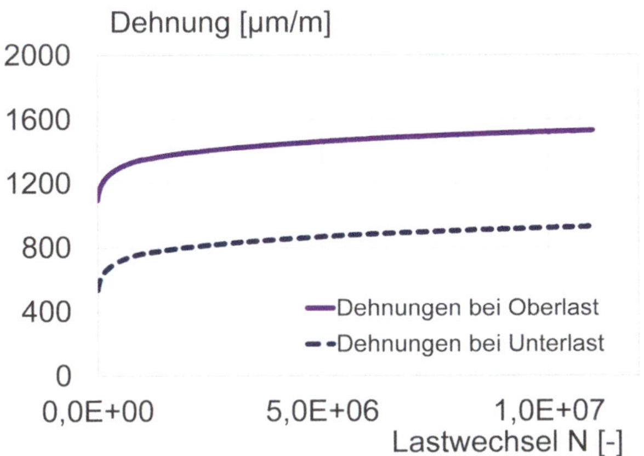

Bild 9: Dehnungsverläufe bei Ober- und Unterlast der Probe Nr. C40_VHCF_C2_13 mit einer Belastungsfrequenz f ≈ 65 Hz

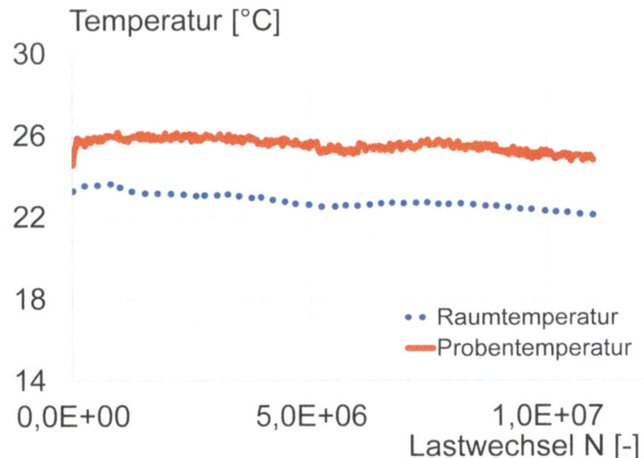

Bild 10: Proben- und Raumtemperatur bei Belastung der Probe Nr. C40_VHCF_C2_13 mit einer Belastungsfrequenz f ≈ 65 Hz

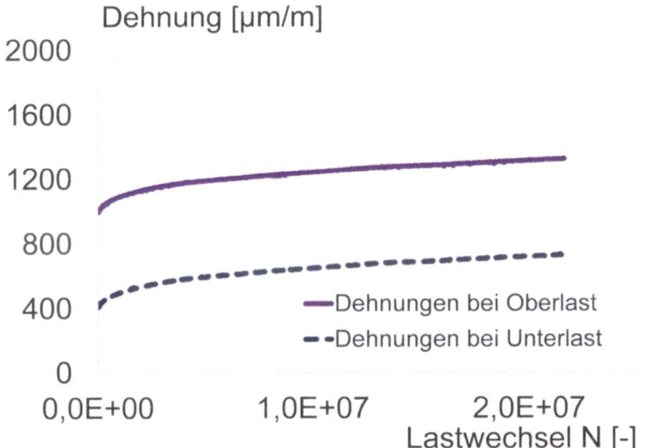

Bild 11: Dehnungsverläufe bei Ober- und Unterlast der Probe Nr. C40_VHCF_8 mit einer Belastungsfrequenz f ≈ 130 Hz

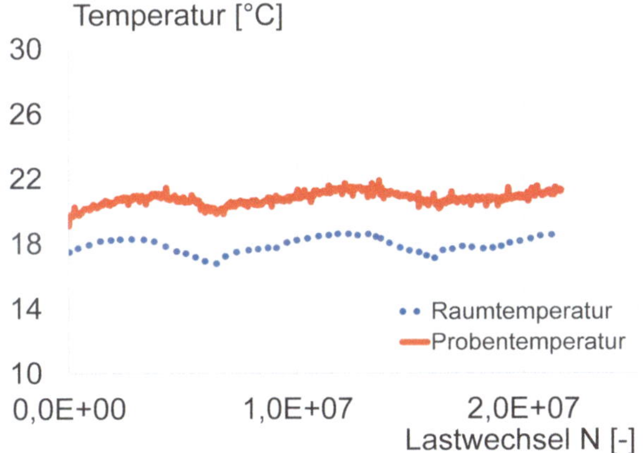

Bild 12: Proben- und Raumtemperatur bei Belastung der Probe Nr. C40_VHCF_8 mit einer Belastungsfrequenz f ≈ 130 Hz

4.2.1.2 Graphische Darstellung zweier VHCF-Versuche der Betonfestigkeitsklasse C40 bei einem Beanspruchungsniveau von $S_{c,min}$ = 0,4 und $S_{c,max}$ = 0,75

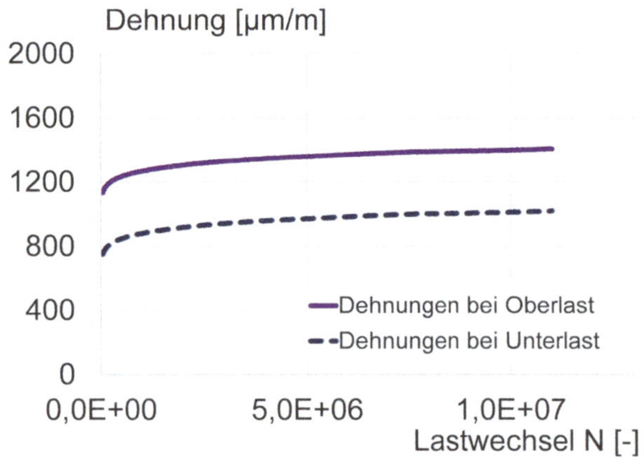

Bild 13: Dehnungsverläufe bei Ober- und Unterlast der Probe Nr. C40_VHCF_C2_15 mit einer Belastungsfrequenz f ≈ 65 Hz

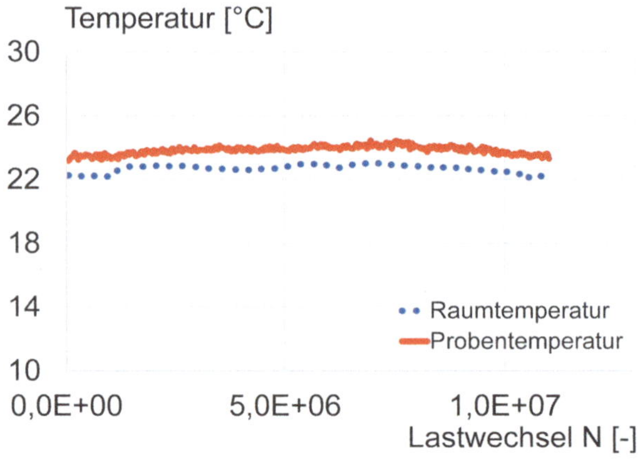

Bild 14: Proben- und Raumtemperatur bei Belastung der Probe Nr. C40_VHCF_C2_15 mit einer Belastungsfrequenz f ≈ 65 Hz

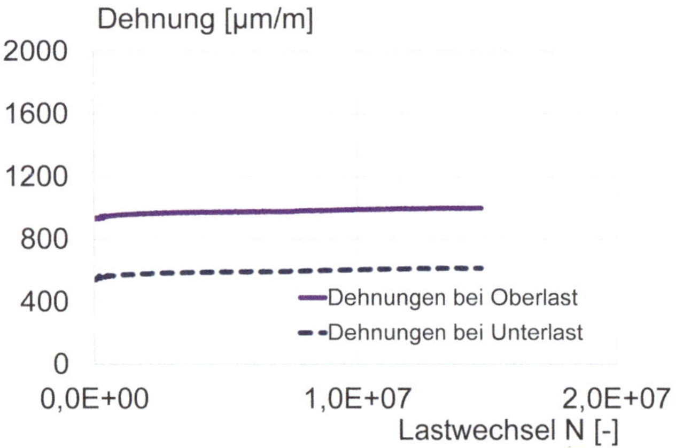

Bild 15: Dehnungsverläufe bei Ober- und Unterlast der Probe Nr. C40_VHCF_C2_21 mit einer Belastungsfrequenz f ≈ 130 Hz

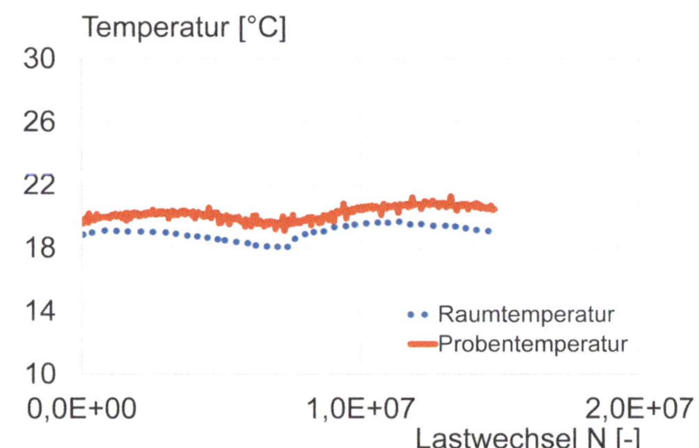

Bild 16: Proben- und Raumtemperatur bei Belastung der Probe Nr. C40_VHCF_C2_21 mit einer Belastungsfrequenz f ≈ 130 Hz

4.2.1.3 Graphische Darstellung zweier VHCF-Versuche der Betonfestigkeitsklasse C40 bei einem Beanspruchungsniveau von $S_{c,min} = 0{,}6$ und $S_{c,max} = 0{,}8$

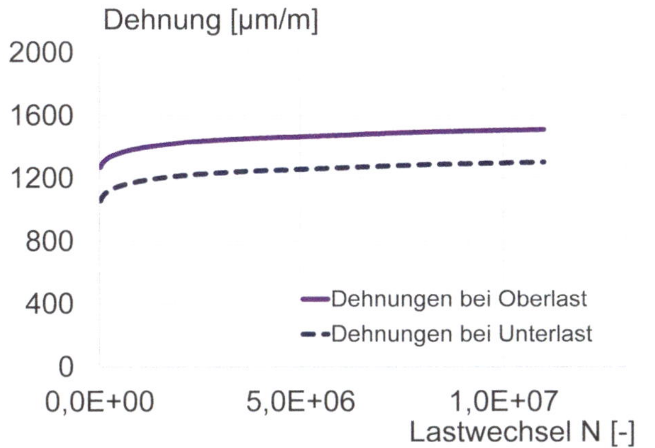

Bild 17: Dehnungsverläufe bei Ober- und Unterlast der Probe Nr. C40_VHCF_C2_17 mit einer Belastungsfrequenz f ≈ 65 Hz

Temperatur [°C]
30
26
22
18
14
10
0,0E+00
5,0E+06
1,0E+07
Lastwechsel N [-]
Raumtemperatur
Probentemperatur

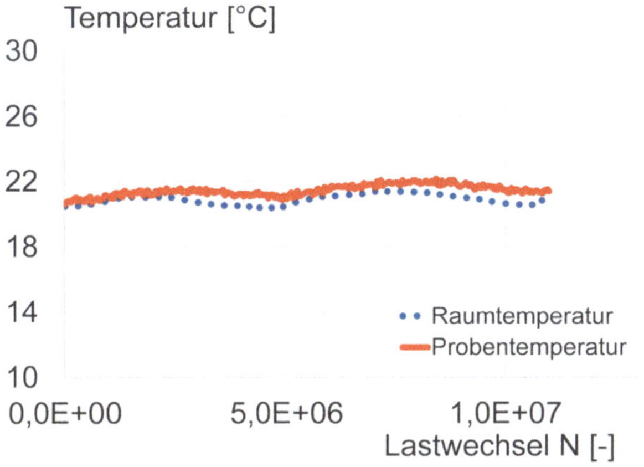

Bild 18: Proben- und Raumtemperatur bei Belastung der Probe Nr. C40_VHCF_C2_17 mit einer Belastungsfrequenz f ≈ 65 Hz

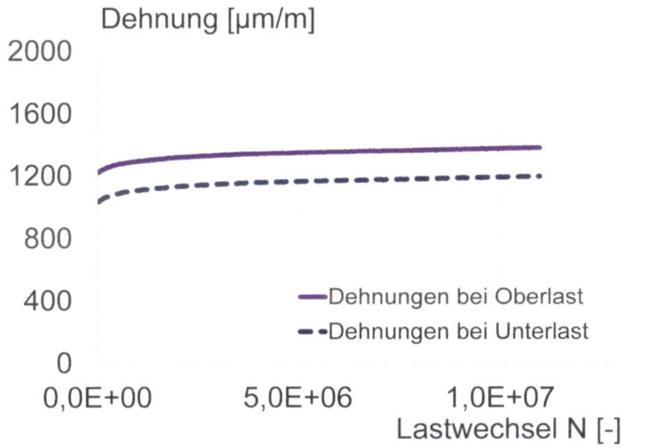

Bild 19: Dehnungsverläufe bei Ober- und Unterlast der Probe Nr. C40_VHCF_C2_40 mit einer Belastungsfrequenz f ≈ 130 Hz

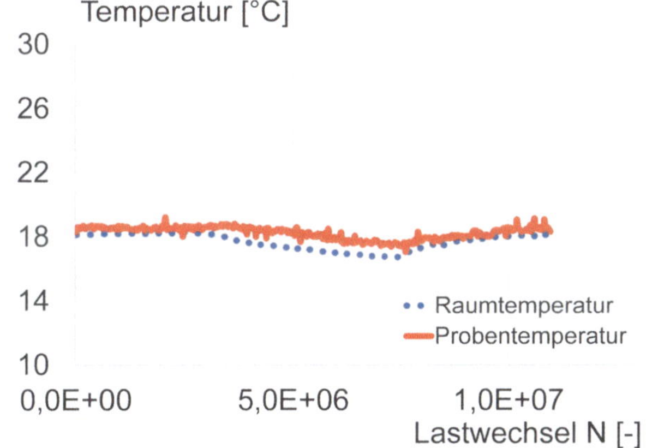

Bild 20: Proben- und Raumtemperatur bei Belastung der Probe Nr. C40_VHCF_C2_40 mit einer Belastungsfrequenz f ≈ 130 Hz

4.2.2 VHCF-Versuche mit Proben der Betonfestigkeitsklasse C80

Die Ergebnisse der VHCF-Versuchsreihe der Betonfestigkeitsklasse C80 sind den Tabellen 9 bis 12 zu entnehmen.

Tabelle 9: Versuchsbedingungen der Ermüdungsversuche im VHCF-Bereich der Betonfestigkeitsklasse C80 bei einer Belastungsfrequenz f ≈ 65 Hz

<table>
<tr><th>Probennummer</th><th>Probenalter</th><th>E-Modul vor Versuch [1)]</th><th>$S_{c,min}$</th><th>$S_{c,max}$</th><th>F_{min}</th><th>F_{max}</th><th>log N</th><th>Versuchsende</th></tr>
<tr><td>–</td><td>d</td><td>N/mm²</td><td>–</td><td>–</td><td>kN</td><td>kN</td><td>–</td><td>–</td></tr>
<tr><td>1</td><td>2</td><td>3</td><td>4</td><td>5</td><td>6</td><td>7</td><td>8</td><td>9</td></tr>
<tr><td>C80_VHCF_27</td><td>834</td><td>45139</td><td rowspan="3">0,2</td><td rowspan="3">0,65</td><td rowspan="3">12</td><td rowspan="3">38</td><td>7,0</td><td>Durchläufer</td></tr>
<tr><td>C80_VHCF_28</td><td>659</td><td>44892</td><td>7,3</td><td>Durchläufer</td></tr>
<tr><td>C80_VHCF_34</td><td>689</td><td>49009</td><td>7,3</td><td>Durchläufer</td></tr>
<tr><td>C80_VHCF_29</td><td>666</td><td>43823</td><td rowspan="3">0,4</td><td rowspan="3">0,75</td><td rowspan="3">23</td><td rowspan="3">43</td><td>7,0</td><td>Durchläufer</td></tr>
<tr><td>C80_VHCF_32</td><td>678</td><td>45872</td><td>7,0</td><td>Durchläufer</td></tr>
<tr><td>C80_VHCF_35</td><td>693</td><td>44546</td><td>7,0</td><td>Durchläufer</td></tr>
<tr><td>C80_VHCF_30</td><td>673</td><td>47680</td><td rowspan="3">0,6</td><td rowspan="3">0,8</td><td rowspan="3">34</td><td rowspan="3">45</td><td>7,0</td><td>Durchläufer</td></tr>
<tr><td>C80_VHCF_33</td><td>685</td><td>47570</td><td>7,2</td><td>Durchläufer</td></tr>
<tr><td>C80_VHCF_36</td><td>701</td><td>47924</td><td>7,0</td><td>Durchläufer</td></tr>
</table>

[1)] Sekanten-E-Modul abgeleitet aus dem statischen Belastungsast beim Anfahren auf das Ausgangslastniveau

Tabelle 10: Versuchsbedingungen der Ermüdungsversuche im VHCF-Bereich der Betonfestigkeitsklasse C80 bei einer Belastungsfrequenz f ≈ 130 Hz

<table>
<tr><th>Probennummer</th><th>Probenalter</th><th>E-Modul vor Versuch [1)]</th><th>$S_{c,min}$</th><th>$S_{c,max}$</th><th>F_{min}</th><th>F_{max}</th><th>log N</th><th>Versuchsende</th></tr>
<tr><td>–</td><td>d</td><td>N/mm²</td><td>–</td><td>–</td><td>kN</td><td>kN</td><td>–</td><td>–</td></tr>
<tr><td>1</td><td>2</td><td>3</td><td>4</td><td>5</td><td>6</td><td>7</td><td>8</td><td>9</td></tr>
<tr><td>C80_VHCF_4</td><td>174</td><td>48757</td><td rowspan="5">0,2</td><td rowspan="5">0,65</td><td rowspan="5">11</td><td rowspan="5">37</td><td>7,3</td><td>Durchläufer</td></tr>
<tr><td>C80_VHCF_21</td><td>294</td><td>47339</td><td>3,3</td><td>Durchläufer</td></tr>
<tr><td>C80_VHCF_22</td><td>316</td><td>47542</td><td>7,0</td><td>Durchläufer</td></tr>
<tr><td>C80_VHCF_23</td><td>298</td><td>48076</td><td>7,0</td><td>Durchläufer</td></tr>
<tr><td>C80_VHCF_38</td><td>951</td><td>44485</td><td>7,0</td><td>Durchläufer</td></tr>
<tr><td>C80_VHCF_5</td><td>181</td><td>45774</td><td rowspan="4">0,4</td><td rowspan="4">0,75</td><td rowspan="3">23</td><td rowspan="3">43</td><td>7,3</td><td>Durchläufer</td></tr>
<tr><td>C80_VHCF_8</td><td>197</td><td>46796</td><td>7,3</td><td>Durchläufer</td></tr>
<tr><td>C80_VHCF_12</td><td>231</td><td>48573</td><td>7,1</td><td>Durchläufer</td></tr>
<tr><td>C80_VHCF_26</td><td>286</td><td>47064</td><td>23</td><td>43</td><td>6,3</td><td>Durchläufer</td></tr>
<tr><td>C80_VHCF_6</td><td>188</td><td>47655</td><td rowspan="3">0,6</td><td rowspan="3">0,8</td><td rowspan="3">34</td><td rowspan="3">46</td><td>7,3</td><td>Durchläufer</td></tr>
<tr><td>C80_VHCF_9</td><td>199</td><td>44979</td><td>7,3</td><td>Durchläufer</td></tr>
<tr><td>C80_VHCF_13</td><td>233</td><td>46686</td><td>7,0</td><td>Durchläufer</td></tr>
</table>

[1)] Sekanten-E-Modul abgeleitet aus dem statischen Belastungsast beim Anfahren auf das Ausgangslastniveau

Tabelle 11: Auswertung der Ermüdungsversuche im VHCF-Bereich der Betonfestigkeitsklasse C80 bei einer Belastungsfrequenz f ≈ 65 Hz

Probennummer	ε_{max}	log $\dot{\varepsilon}_{sec,max}$	log $\dot{\varepsilon}_{sec,min}$	ΔT	$S_{c,min}$	$S_{c,max}$	log N	Versuchsende
–	µm/m	–	–	K	–	–	–	–
1	2	3	4	5	6	7	8	9
C80_VHCF_27	1534	-10,98	-10,99	5,6	0,2	0,65	7,0	Durchläufer
C80_VHCF_28	1692	-11,23	-11,23	6,7			7,3	Durchläufer
C80_VHCF_34	1449	-11,13	-11,15	6,0			7,3	Durchläufer
C80_VHCF_29	1940	-10,85	-10,84	2,7	0,4	0,75	7,0	Durchläufer
C80_VHCF_32	1985	-10,86	-10,85	2,2			7,0	Durchläufer
C80_VHCF_35	1849	-10,88	-10,87	3,4			7,0	Durchläufer
C80_VHCF_30	1907	-10,94	-10,93	1,9	0,6	0,8	7,0	Durchläufer
C80_VHCF_33	1983	-10,83	-10,82	1,5			7,2	Durchläufer
C80_VHCF_36	2030	-10,77	-10,77	1,9			7,0	Durchläufer

Tabelle 12: Auswertung der Ermüdungsversuche im VHCF-Bereich der Betonfestigkeitsklasse C80 bei einer Belastungsfrequenz f ≈ 130 Hz

Probennummer	ε_{max}	log $\dot{\varepsilon}_{sec,max}$	log $\dot{\varepsilon}_{sec,min}$	ΔT	$S_{c,min}$	$S_{c,max}$	log N	Versuchsende
–	µm/m	–	–	K	–	–	–	–
1	2	3	4	5	6	7	8	9
C80_VHCF_4	1576	-11,15	-11,15	7,9	0,2	0,65	7,3	Durchläufer
C80_VHCF_21	1557	-11,35	-11,34	7,7			7,5	Durchläufer
C80_VHCF_22	1482	-10,94	-10,93	6,6			7,0	Durchläufer
C80_VHCF_23	1453	-11,04	-11,04	6,9			7,0	Durchläufer
C80_VHCF_38	1435	-11,09	-11,09	5,3			7,0	Durchläufer
C80_VHCF_5	1930	-10,96	-10,96	6,7	0,4	0,75	7,3	Durchläufer
C80_VHCF_8	1946	-11,03	-11,03	3,0			7,3	Durchläufer
C80_VHCF_12	1780	-10,98	-10,97	3,8			7,1	Durchläufer
C80_VHCF_26	1659	-10,38	-10,38	3,5			6,3	Durchläufer
C80_VHCF_6	2210	-10,95	-10,95	1,9	0,6	0,8	7,3	Durchläufer
C80_VHCF_9	2168	-11,07	-11,06	1,2			7,3	Durchläufer
C80_VHCF_13	2297	-10,64	-10,63	1,3			7,0	Durchläufer

Exemplarisch und repräsentativ für die o.g. Versuchsreihe der VHCF-Versuche an der Betonfestigkeitsklasse C80 zwischen den Ober- und Unterspannungen

- $S_{c,min}$ = 0,2 und $S_{c,max}$ = 0,65,
- $S_{c,min}$ = 0,4 und $S_{c,max}$ = 0,75 und
- $S_{c,min}$ = 0,6 und $S_{c,max}$ = 0,8

werden die ausgewählten Versuchsergebnisse graphisch aufgetragen und verdeutlicht (vgl. Bilder 21 bis 32).

4.2.2.1 Graphische Darstellung zweier VHCF-Versuche der Betonfestigkeitsklasse C80 bei einem Beanspruchungsniveau von $S_{c,min}$ = 0,2 und $S_{c,max}$ = 0,65

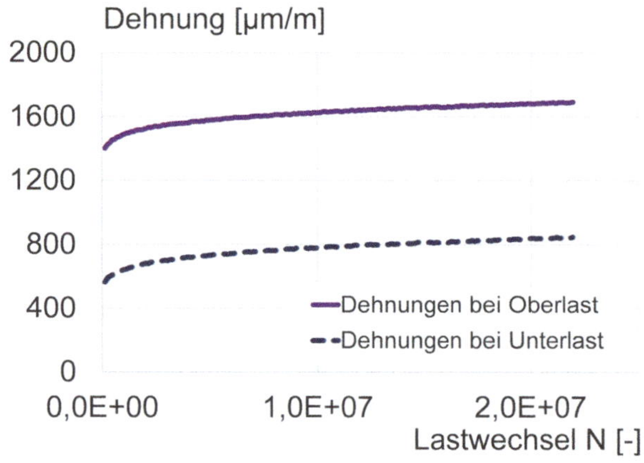

Bild 21: Dehnungsverläufe bei Ober- und Unterlast der Probe Nr. C80_VHCF_28 mit einer Belastungsfrequenz f ≈ 65 Hz

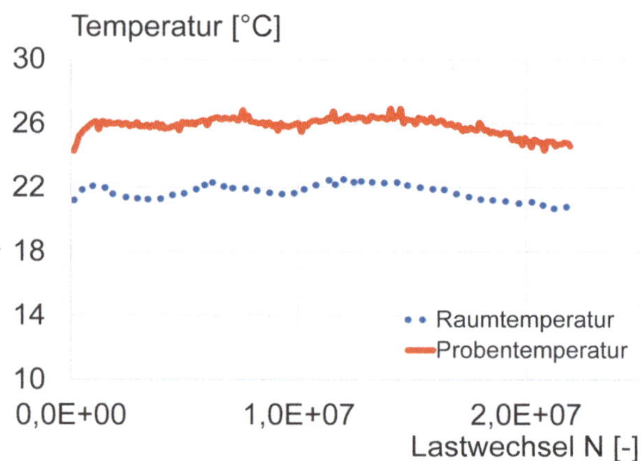

Bild 22: Proben- und Raumtemperatur bei Belastung der Probe Nr. C80_VHCF_28 mit einer Belastungsfrequenz f ≈ 65 Hz

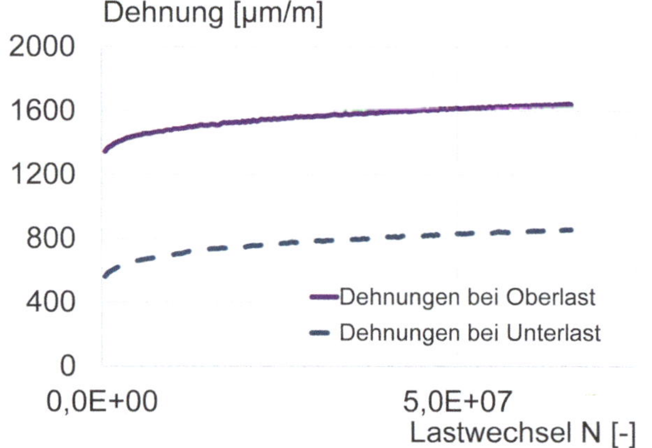

Bild 23: Dehnungsverläufe bei Ober- und Unterlast der Probe Nr. C80_VHCF_22 mit einer Belastungsfrequenz f ≈ 130 Hz

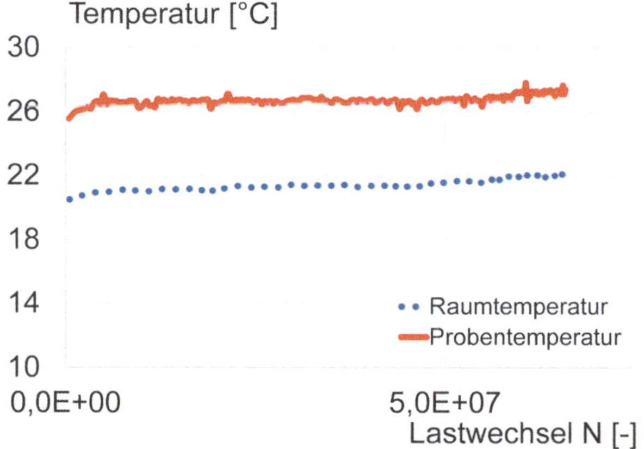

Bild 24: Proben- und Raumtemperatur bei Belastung der Probe Nr. C80_VHCF_22 mit einer Belastungsfrequenz f ≈ 130 Hz

4.2.2.2 Graphische Darstellung zweier VHCF-Versuche der Betonfestigkeitsklasse C80 bei einem Beanspruchungsniveau von $S_{c,min}$ = 0,4 und $S_{c,max}$ = 0,75

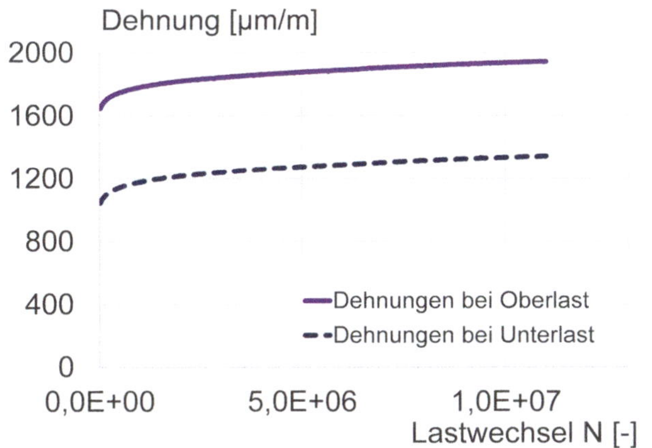

Bild 25: Dehnungsverläufe bei Ober- und Unterlast der Probe Nr. C80_VHCF_29 mit einer Belastungsfrequenz f ≈ 65 Hz

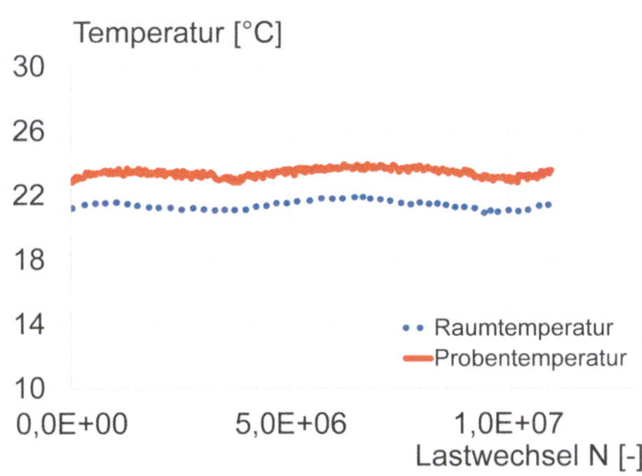

Bild 26: Proben- und Raumtemperatur bei Belastung der Probe Nr. C80_VHCF_29 mit einer Belastungsfrequenz f ≈ 65 Hz

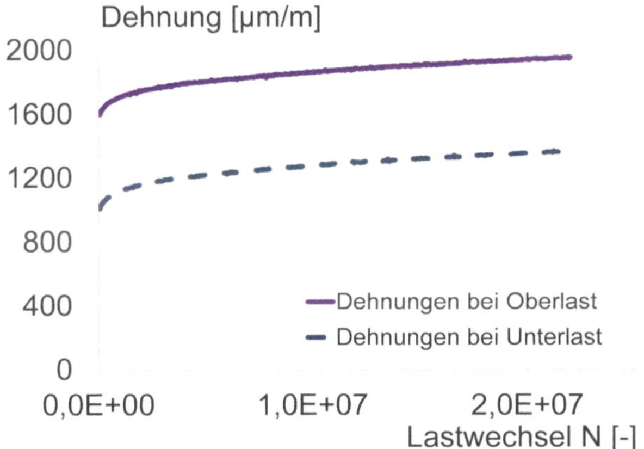

Bild 27: Dehnungsverläufe bei Ober- und Unterlast der Probe Nr. _VHCF_8 mit einer Belastungsfrequenz f ≈ 130 Hz

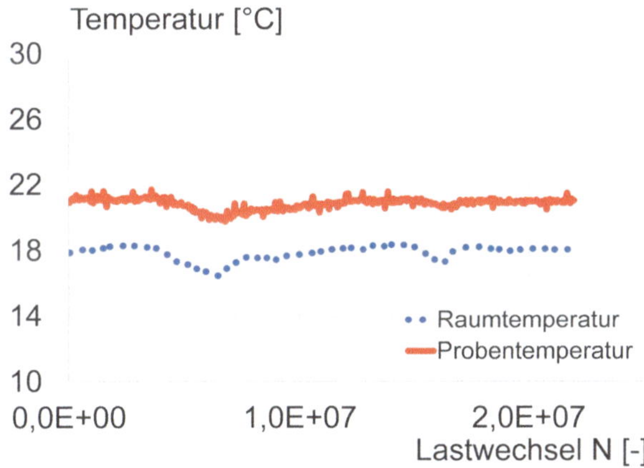

Bild 28: Proben- und Raumtemperatur bei Belastung der Probe Nr. C80_VHCF_8 mit einer Belastungsfrequenz f ≈ 130 Hz

4.2.2.3 Graphische Darstellung zweier VHCF-Versuche der Betonfestigkeitsklasse C80 bei einem Beanspruchungsniveau von $S_{c,min} = 0{,}6$ und $S_{c,max} = 0{,}8$

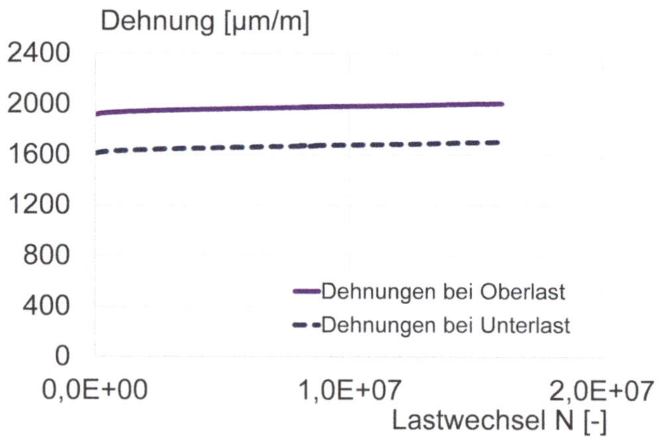

Bild 29: Dehnungsverläufe bei Ober- und Unterlast der Probe Nr. C80_VHCF_30 mit einer Belastungsfrequenz f ≈ 65 Hz

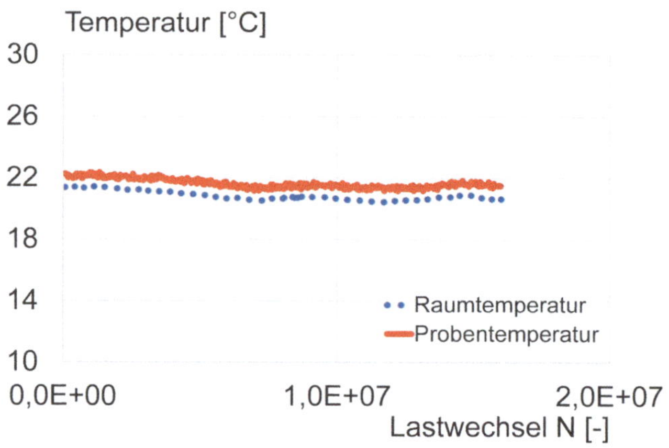

Bild 30: Proben- und Raumtemperatur bei Belastung der Probe Nr. C80_VHCF_30 mit einer Belastungsfrequenz f ≈ 65 Hz

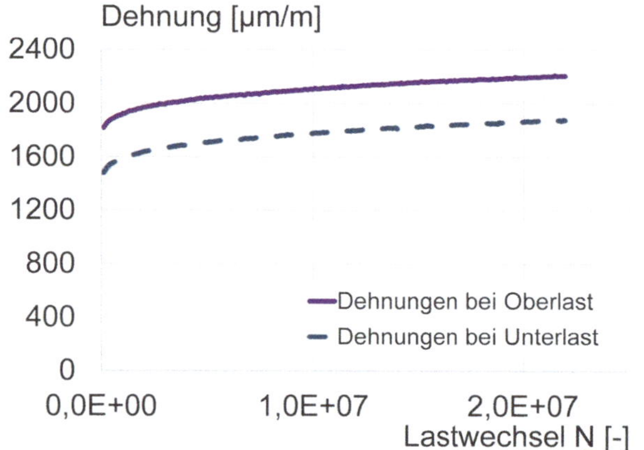

Bild 31: Dehnungsverläufe bei Ober- und Unterlast der Probe Nr. C80_VHCF_6 mit einer Belastungsfrequenz f ≈ 130 Hz

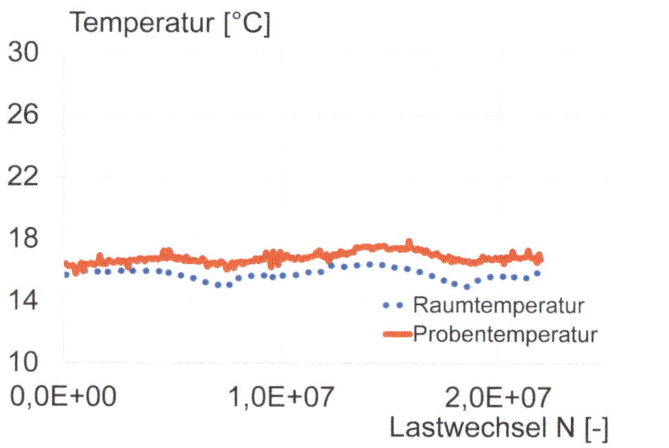

Bild 32: Proben- und Raumtemperatur bei Belastung der Probe Nr. C80_VHCF_6 mit einer Belastungsfrequenz f ≈ 130 Hz

4.2.3 VHCF-Versuche mit Proben der Betonfestigkeitsklasse C120

Die Ergebnisse der VHCF-Versuchsreihe der Betonfestigkeitsklasse C120 sind den Tabellen 13 bis 16 zu entnehmen.

Tabelle 13: Versuchsbedingungen der Ermüdungsversuche im VHCF-Bereich der Betonfestigkeitsklasse C120 bei einer Belastungsfrequenz f ≈ 65 Hz

Probennummer	Probenalter	E-Modul vor Versuch [1)]	$S_{c,min}$	$S_{c,max}$	F_{min}	F_{max}	log N	Versuchsende
–	d	N/mm²	–	–	kN	kN	–	–
1	2	3	4	5	6	7	8	9
C120_VHCF_C4_8	669	52013	0,2	0,65	14	47	7,0	Durchläufer
C120_VHCF_C4_11	682	50335					7,0	Durchläufer
C120_VHCF_C4_14	698	47969					7,0	Durchläufer
C120_VHCF_C4_9	672	50633	0,4	0,75	29	54	7,2	Durchläufer
C120_VHCF_C4_12	686	45526					7,2	Durchläufer
C120_VHCF_C4_15	703	50692					7,0	Durchläufer
C120_VHCF_C4_10	677	48645	0,6	0,8	44	58	7,0	Durchläufer
C120_VHCF_C4_13	692	51590					7,4	Durchläufer
C120_VHCF_C4_16	707	51864					7,2	Durchläufer

1) Sekanten-E-Modul abgeleitet aus dem statischen Belastungsast beim Anfahren auf das Ausgangslastniveau

Tabelle 14: Versuchsbedingungen der Ermüdungsversuche im VHCF-Bereich der Betonfestigkeitsklasse C120 bei einer Belastungsfrequenz f ≈ 65 Hz

Probennummer	Probenalter	E-Modul vor Versuch [1)]	$S_{c,min}$	$S_{c,max}$	F_{min}	F_{max}	log N	Versuchsende
–	d	N/mm²	–	–	kN	kN	–	–
1	2	3	4	5	6	7	8	9
C120_VHCF_4	296	- [2)]	0,2	0,65	17	56	7,0	Durchläufer
C120_VHCF_C3_14	273	- [2)]			18	60	7,6	Durchläufer
C120_VHCF_C3_43	320	52796			18	60	6,0	Bruch
C120_VHCF_C3_47a	321	49039			18	60	7,3	Durchläufer
C120_VHCF_C3_47b	323	44661			19	60	6,6	Bruch
C120_VHCF_C4_20	1014	51577			15	47	7,0	Durchläufer
C120_VHCF_C3_22	292	- [2)]	0,2	0,675	18	62	6,1	Bruch
C120_VHCF_C3_35	294	- [2)]			18	62	6,6	Bruch
C120_VHCF_C3_40	300	54958			18	62	7,0	Durchläufer
C120_VHCF_C3_7	273	- [2)]	0,4	0,75	37	68	7,0	Durchläufer
C120_VHCF_C3_39	286	- [2)]			37	68	7,3	Durchläufer
C120_VHCF_C3_41	295	- [2)]			37	69	7,7	Durchläufer
C120_VHCF_C3_16	280	- [2)]	0,4	0,775	37	71	7,0	Durchläufer
C120_VHCF_C3_34	319	53649			37	71	5,5	Bruch [3)]
C120_VHCF_C3_25	288	- [2)]	0,6	0,8	55	74	7,6	Durchläufer
C120_VHCF_C3_9	300	- [2)]			51	68	7,0	Durchläufer
C120_VHCF_C3_46	326	55039			55	74	7,5	Durchläufer
C120_VHCF_C4_21	812	51624			44	59	7,4	Durchläufer
C120_VHCF_C4_22	816	49870			44	58	7,0	Durchläufer
C120_VHCF_C4_23	819	50031			43	58	7,5	Durchläufer

1) Sekanten-E-Modul abgeleitet aus dem statischen Belastungsast beim Anfahren auf das Ausgangslastniveau

2) Abschätzung des Sekanten E-Moduls war nicht möglich, da eine stufenartige Belastung erfolgte

3) Unsymmetrische Lasteinleitung während des Versuchs

Tabelle 15: Auswertung der Ermüdungsversuche im VHCF-Bereich der Betonfestigkeitsklasse C120 bei einer Belastungsfrequenz f ≈ 65 Hz

Probennummer	ε_{max}	log $\dot{\varepsilon}_{sec,max}$	log $\dot{\varepsilon}_{sec,min}$	ΔT	$S_{c,min}$	$S_{c,max}$	log N	Versuchsende
–	µm/m	–	–	K	–	–	–	–
1	2	3	4	5	6	7	8	9
C120_VHCF_C4_8	1730	-10,95	-10,95	6,8	0,2	0,65	7,0	Durchläufer
C120_VHCF_C4_11	1783	-10,84	-10,85	7,7			7,0	Durchläufer
C120_VHCF_C4_14	1852	-10,88	-10,87	6,7			7,0	Durchläufer
C120_VHCF_C4_9	2247	-10,92	-10,91	3,8	0,4	0,75	7,2	Durchläufer
C120_VHCF_C4_12	2751	-11,00	-10,98	3,0			7,2	Durchläufer
C120_VHCF_C4_15	2297	-10,75	-10,74	5,4			7,0	Durchläufer
C120_VHCF_C4_10	2328	-10,91	-10,90	1,6	0,6	0,8	7,0	Durchläufer
C120_VHCF_C4_13	2376	-11,03	-11,02	3,1			7,4	Durchläufer
C120_VHCF_C4_16	2391	-10,86	-10,86	1,3			7,2	Durchläufer

Tabelle 16: Auswertung der Ermüdungsversuche im VHCF-Bereich der Betonfestigkeitsklasse C120 unter einer Belastungsfrequenz f ≈ 130 Hz

Probennummer	ε_{max}	log $\dot{\varepsilon}_{sec,max}$	log $\dot{\varepsilon}_{sec,min}$	ΔT	$S_{c,min}$	$S_{c,max}$	log N	Versuchsende
–	µm/m	–	–	K	–	–	–	–
1	2	3	4	5	6	7	8	9
C120_VHCF_C3_4	2052	-10,69	-10,71	12,0	0,2	0,65	7,0	Durchläufer
C120_VHCF_C3_14	2170	-11,32	-11,34	8,1			7,6	Durchläufer
C120_VHCF_C3_43	2105	-9,80	-9,88	15,2			6,0	Bruch
C120_VHCF_C3_47a	2376	-10,95	-10,99	14,3			7,3	Durchläufer
C120_VHCF_C3_47b	2873	-9,61	-9,77	16,0			4,4	Bruch
C120_VHCF_C4_20	1572	-11,09	-11,07	8,3			7,0	Durchläufer
C120_VHCF_C3_22	2229	-9,86	-9,92	14,8	0,2	0,675	6,1	Bruch
C120_VHCF_C3_35	2275	-10,03	-10,11	19,0			6,6	Bruch
C120_VHCF_C3_40	2227	-10,97	-10,99	14,0			7,4	Durchläufer
C120_VHCF_C3_7	2605	-10,72	-10,72	7,0	0,4	0,75	7,0	Durchläufer
C120_VHCF_C3_39	2473	-10,87	-10,89	7,6			7,3	Durchläufer
C120_VHCF_C3_41	2455	-11,40	-11,41	6,7			7,7	Durchläufer
C120_VHCF_C3_16	2440	-10,75	-10,75	7,8	0,4	0,775	7,0	Durchläufer
C120_VHCF_C3_34	2234 [1)]	-9,86	-9,95	6,0			5,5	Bruch
C120_VHCF_C3_9	2444	-10,73	-10,73	2,4	0,6	0,8	7,0	Durchläufer
C120_VHCF_C3_25	2823	-11,19	-11,19	1,9			7,6	Durchläufer
C120_VHCF_C3_46	2657	-11,12	-11,12	4,30			7,5	Durchläufer
C120_VHCF_C4_21	2259	-11,23	-11,22	1,5			7,4	Durchläufer
C120_VHCF_C4_22	2213	-10,93	-10,92	2,0			7,0	Durchläufer
C120_VHCF_C4_23	2254	-11,28	-11,27	2,8			7,5	Durchläufer

1) Unsymmetrische Lasteinleitung während des Versuchs

Exemplarisch und repräsentativ für die o.g. Versuchsreihe der VHCF-Versuche an der Betonfestigkeitsklasse C120 zwischen den Ober- und Unterspannungen

- $S_{c,min}$ = 0,2 und $S_{c,max}$ = 0,65,
- $S_{c,min}$ = 0,4 und $S_{c,max}$ = 0,75 und
- $S_{c,min}$ = 0,6 und $S_{c,max}$ = 0,8

werden die ausgewählten Versuchsergebnisse graphisch aufgetragen und verdeutlicht (vgl. Bilder 33 bis 44).

4.2.3.1 Graphische Darstellung zweier VHCF-Versuche der Betonfestigkeitsklasse C120 bei einem Beanspruchungsniveau von $S_{c,min}$ = 0,2 und $S_{c,max}$ = 0,65

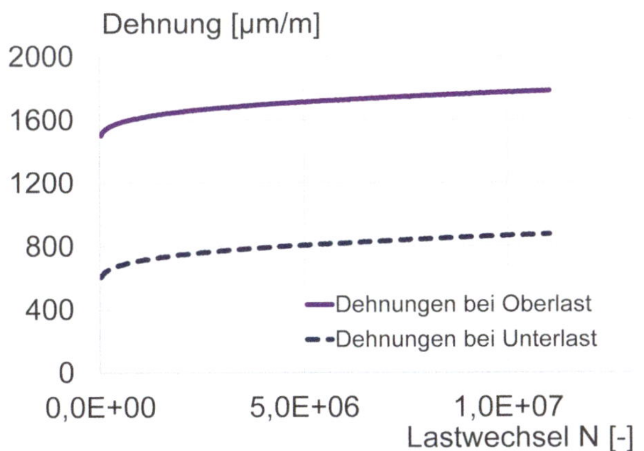

Bild 33: Dehnungsverläufe bei Ober- und Unterlast der Probe Nr. C120_VHCF_C4_11 mit einer Belastungsfrequenz f ≈ 65 Hz

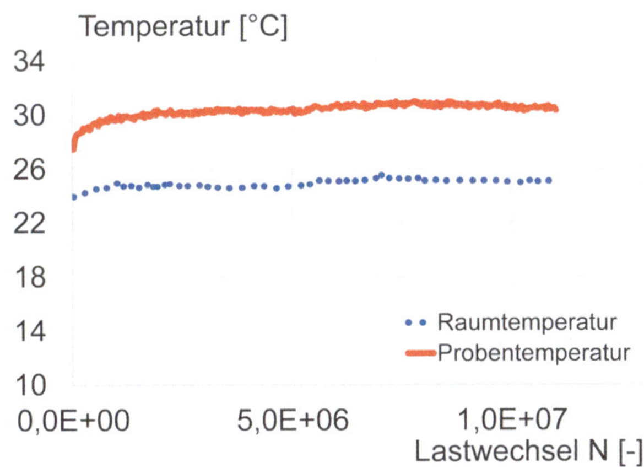

Bild 34: Proben- und Raumtemperatur bei Belastung der Probe Nr. C120_VHCF_C4_11 mit einer Belastungsfrequenz f ≈ 65 Hz

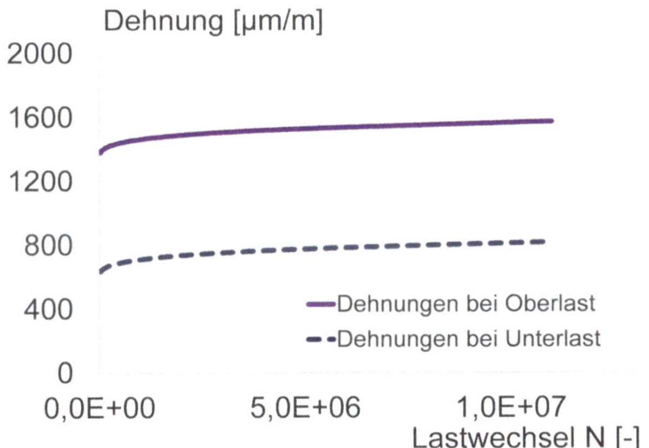

Bild 35: Dehnungsverläufe bei Ober- und Unterlast der Probe Nr. C120_VHCF_C4_20 mit einer Belastungsfrequenz f ≈ 130 Hz

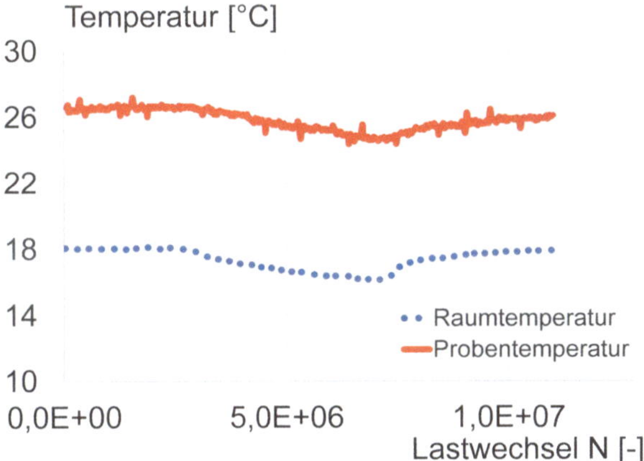

Bild 36: Proben- und Raumtemperatur bei Belastung der Probe Nr. C120_VHCF_C4_20 mit einer Belastungsfrequenz f ≈ 130 Hz

4.2.3.2 Graphische Darstellung zweier VHCF-Versuche der Betonfestigkeitsklasse C120 bei einem Beanspruchungsniveau von $S_{c,min}$ = 0,4 und $S_{c,max}$ = 0,75

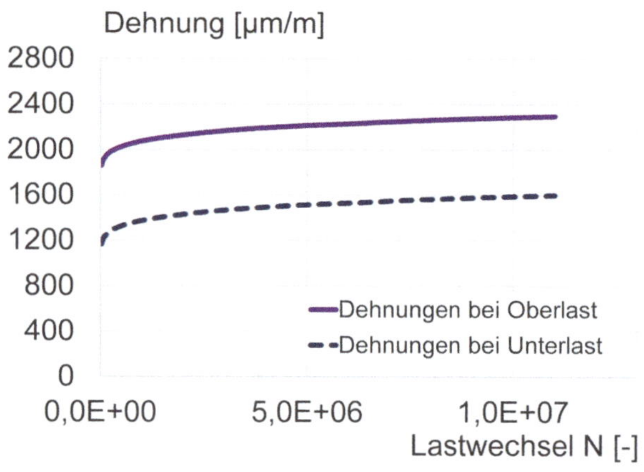

Bild 37: Dehnungsverläufe bei Ober- und Unterlast der Probe Nr. C120_VHCF_C4_15 mit einer Belastungsfrequenz f ≈ 65 Hz

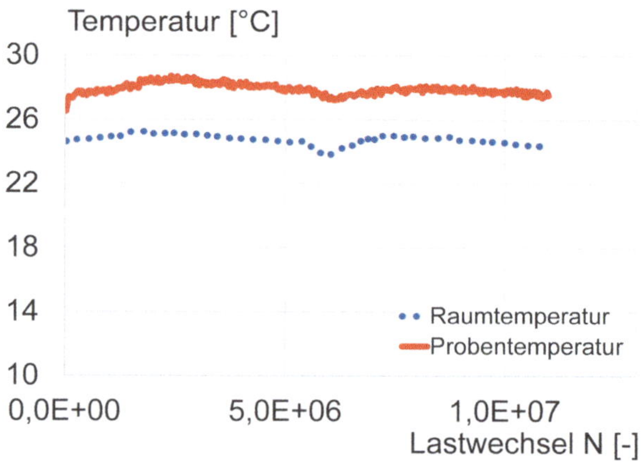

Bild 38: Proben- und Raumtemperatur bei Belastung der Probe Nr. C120_VHCF_C4_15 mit einer Belastungsfrequenz f ≈ 65 Hz

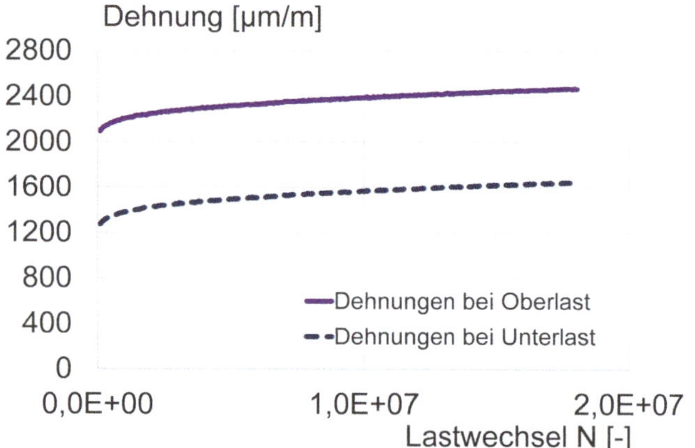

Bild 39: Dehnungsverläufe bei Ober- und Unterlast der Probe Nr. C120_VHCF_C4_39 mit einer Belastungsfrequenz f ≈ 130 Hz

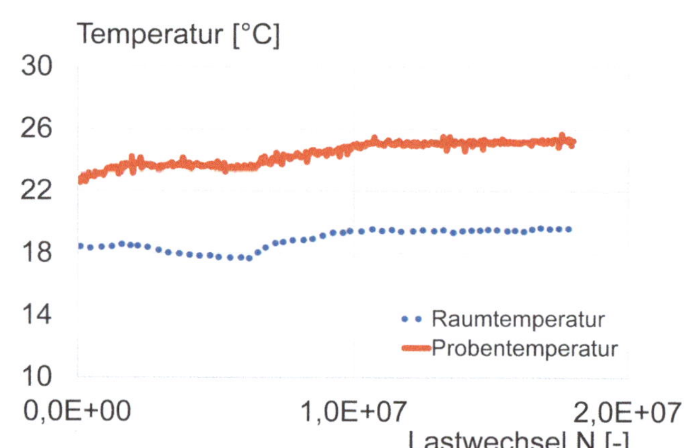

Bild 40: Proben- und Raumtemperatur bei Belastung der Probe Nr. C120_VHCF_C4_39 mit einer Belastungsfrequenz f ≈ 130 Hz

4.2.3.3 Graphische Darstellung zweier VHCF-Versuche der Betonfestigkeitsklasse C120 bei einem Beanspruchungsniveau von $S_{c,min}$ = 0,6 und $S_{c,max}$ = 0,8

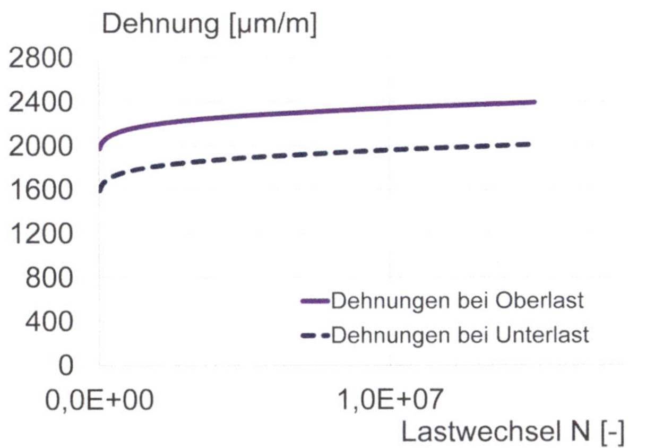

Bild 41: Dehnungsverläufe bei Ober- und Unterlast der Probe Nr. C120_VHCF_C4_16 mit einer Belastungsfrequenz f ≈ 65 Hz

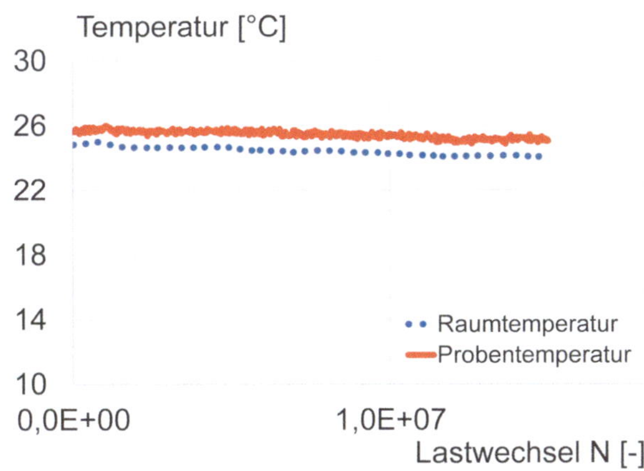

Bild 42: Proben- und Raumtemperatur bei Belastung der Probe Nr. C120_VHCF_C4_16 mit einer Belastungsfrequenz f ≈ 65 Hz

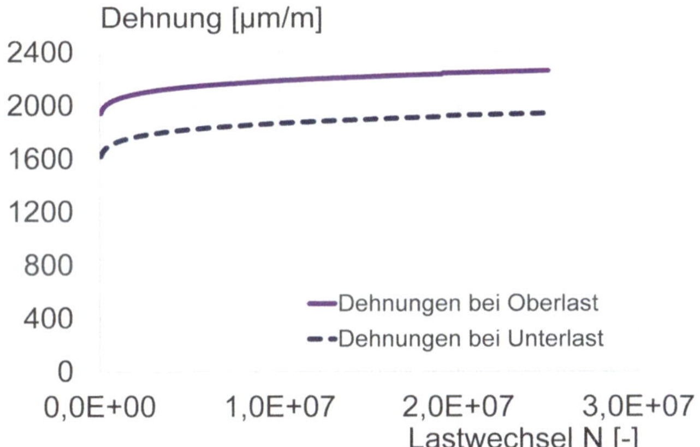

Bild 43: Dehnungsverläufe bei Ober- und Unterlast der Probe Nr. C120_VHCF_C4_21 mit einer Belastungsfrequenz f ≈ 130 Hz

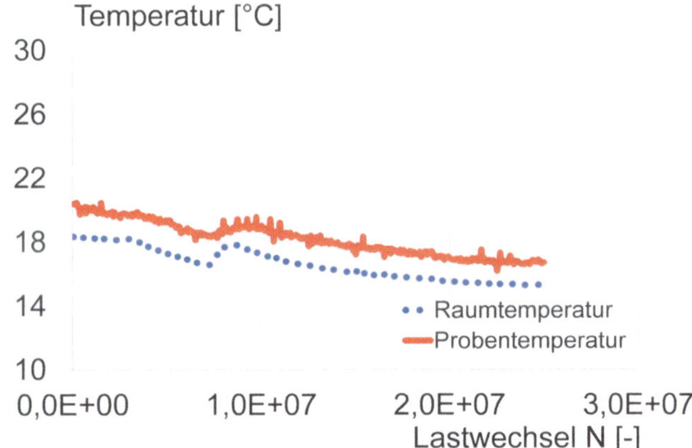

Bild 44: Proben- und Raumtemperatur bei Belastung der Probe Nr. C120_VHCF_C4_21 mit einer Belastungsfrequenz f ≈ 130 Hz

5 Versuchstechnische Umsetzung sowie Zusammenstellung der Ergebnisse der Ermüdungsversuche im Very-High-Cycle-Fatigue (VHCF)-Bereich

5.1 Allgemeines

Die Versuchsreihen im VHCF-Bereich wurden gemäß der im Arbeitspaket 1.4 definierten Versuche (vgl. Tabelle 3) durch Druckschwelluntersuchungen im HCF-Bereich mit Lastwechselzahlen $N \leq 2 \cdot 10^6$ an Betonzylindern d/h = 100 mm/200 mm ergänzt. Das Belastungsniveau lag bei allen Versuchen zwischen einer Unterspannung von $S_{c,min}$ = 0,4 und einer Oberspannung von $S_{c,max}$ = 0,75, wobei die Belastungsfrequenzen f = 1 Hz bzw. f = 5 Hz betrugen.

Die Ermüdungsuntersuchungen wurden insgesamt bei drei unterschiedlichen Umgebungstemperaturen durchgeführt:

- Raumtemperatur von ca. +20 °C,
- erhöhte Temperatur von ca. +35 °C und
- eine maximale Umgebungstemperatur von ca. +70 °C.

Um die große Gesamtversuchsanzahl umsetzen zu können, war es erforderlich, die Ermüdungsuntersuchungen auf parallel betriebenen Versuchsständen durchzuführen. Neben zwei Prüfmaschinen (MTS 1000 kN sowie MTS 2500 kN) wurden zwei Portale auf dem Prüffeld des IMB/MPA Karlsruhe installiert, in denen jeweils ein servo-hydraulischer MTS 1000 kN-Prüfzylinder mittig eingesetzt und für die zyklische Belastung der Proben wie in einer Prüfmaschine verwendet wurde.

Zur Realisierung der erhöhten Temperaturniveaus von +35 °C bzw. +70 °C wurden im Rahmen der Druckschwelluntersuchungen sowie der Kriech- und Schwinduntersuchungen Temperierkammern verwendet. Diese wurden am IMB/MPA Karlsruhe entworfen, angefertigt sowie mechanisch optimiert und mit entsprechenden Innenaufbauten zur Umsetzung von zyklischen Versuchen an Betonzylindern mit einem Durchmesser von d = 100 mm und einer Höhe h = 200 mm versehen. Die Abmessungen der Temperierkammern wurden so gewählt, dass die Temperierkammern in Kombination mit verschiedenen Versuchseinrichtungen verwendet werden können.

Im Rahmen der Planung der Druckschwellversuche bei erhöhten Temperaturen wurde die Verwendung von gesättigter Salzlösung (Natriumbromid-Lösung) zur Erhöhung der rel. Luftfeuchte in den Temperierkammern berücksichtigt. Diese Natriumbromid-Lösung erzeugt durch ihr Sorptionsverhalten in einem geschlossenen System eine rel. Luftfeuchte von ca. 35 % rel. LF bei einer Temperatur von ca. +35 °C und eine rel. Luftfeuchte von ca. 30 % rel. F. bei einer Temperatur von ca. +70 °C. Spezielle in die Temperierkammern eingesetzte Laugenbehälter, in die die Salzlösung eingefüllt wurde, wurden bei der Planung berücksichtigt. Die Einstellung einer gezielten rel. Luftfeuchte wurde im Rahmen des Arbeitspakets 1.4 bewusst ergänzt, um eine Austrocknung der Betonzylinder unter den erhöhten Temperaturen und eine damit möglicherweise einhergehende Verfälschung der Versuchsergebnisse zu vermeiden.

An den Probekörpern in den Temperierkammern wurden die vertikalen Probenverformungen über zwei gegenüberliegende Dehnmessstreifen sowie über drei um 120° verschwenkt angeordnete induktive Wegaufnehmer dokumentiert. Die Oberflächentemperatur auf halber Probenhöhe sowie die Kammerinnentemperatur und -feuchte wurden ergänzend gemessen.

Bei den Druckschwellversuchen bei Raumtemperatur wurden in den servo-hydraulischen Prüfmaschinen MTS 1000 kN und MTS 2500 kN neben der Probentemperatur in halber Probenhöhe ebenfalls die Temperatur an der oberen und unteren Druckplatte bestimmt, um eine mögliche Erwärmung dieser aus dem Hydrauliköl und einen ggf. vorhandenen Einfluss auf die Prüfergebnisse zu erfassen. In den durchgeführten Druckschwellversuchen konnte kein signifikanter Einfluss auf die Temperatur der Betonproben während des Versuchs ermittelt werden.

Die verwendeten Messmittel sowie die Spezifizierung der Prüfeinrichtungen, die für die Versuche im HCF-Bereich verwendet wurden, sind in den Tabellen 17 bis 19 zusammengestellt.

Tabelle 17: Versuchstechnische Einrichtung - Ermüdungsversuche bei Raumtemperatur

1	2
Verwendung	Zyklische Druckschwellversuche im HCF-Bereich mit f = 1 Hz und f = 5 Hz
Hersteller	MTS
Typ	MTS 2500, servo-hydraulische Druck- und Zug-Prüfmaschine
Druckplatten	oben gelenkig gelagert (Kalotte), unten starr eingebaut
Gemessene Größen	Kraft Weg Dehnung (bei ausgewählten Proben) Probenverformung über drei induktive Wegaufnehmer Oberflächentemperatur in halber Probenhöhe Temperatur der oberen und unteren Druckplatte
Messtechnik	Kraftmesssystem der Prüfmaschine 3 IWAs mit einer Messlänge von 5 mm eingesetzt in einem Magnetstativ Dehnmesstreifen, l = 60 mm Thermoelement in mittlerer Probenhöhe positioniert Thermoelement an der unteren und oberen Druckplatte

Die servo-hydraulische Prüfmaschine MTS 2500 mit einer eingebauten Betonzylinderprobe sowie die zugehörigen Messmittel sind Bild 45 zu entnehmen.

Bild 45: Servo-hydraulische Prüfmaschine MTS 2500 am IMB/MPA Karlsruhe

Tabelle 18: Versuchstechnische Einrichtung - Servo-hydraulische Zug-/Druckprüfmaschine

1	2
Verwendung	Zyklische Druckschwellversuche im HCF-Bereich mit f = 1 Hz und f = 5 Hz
Hersteller	MTS
Typ	MTS 1000, servo-hydraulische Druck- und Zug-Prüfmaschine
Druckplatten	oben gelenkig gelagert (Kalotte), unten starr eingebaut
Gemessene Größen	Kraft Weg Dehnung (bei ausgewählten Proben) Probenverformung Oberflächentemperatur in halber Probenhöhe Temperatur der oberen und unteren Druckplatte
Messtechnik	Kraftmesssystem der Prüfmaschine Induktive Wegaufnehmer Dehnmesstreifen, l = 60 mm Thermoelement in mittlerer Probenhöhe sowie an oberer und unterer Druck-platte

Die servo-hydraulische Prüfmaschine MTS 1000 mit einer eingebauten Betonzylinderprobe sowie die zugehörigen Messmittel sind Bild 46 zu entnehmen.

Bild 46: Servo-hydraulische Prüfmaschine MTS 1000 am IMB/MPA Karlsruhe

Tabelle 19: Versuchstechnischen Einrichtungen – Druckschwellversuche auf dem Prüffeld

1	2
Verwendung	Zyklische Druckschwellversuche mit definierten Umgebungsbedingungen in Portalen auf dem Prüffeld des IMB/MPA Karlsruhe
Hersteller	MTS
Typ	Prüfzylinder MTS 1000
Lasteinleitung	Lasteinleitung über Stahldruckplatten gelenkig (Kalotte) Lagerung oben, unten starr
Gemessene Größen	Kraft Weg Dehnung (bei ausgewählten Proben) Oberflächentemperatur in halber Probenhöhe Temperatur- und Feuchte in der Temperierkammer
Messtechnik	Kraftmesssystem des Prüfzylinders Messgestell mit drei um 120° verschwenkten induktiven Wegaufnehmern Dehnmesstreifen bei ausgewählten Proben, l = 60 mm Thermoelement in halber Probenhöhe Feuchte- und Temperatursensor DKRF400 Fa. Driesen + Kern GmbH
Spezielle Umgebungsbedingungen	Soll-Temperatur und rel. Luftfeuchte
Bemerkungen	Es wurden zwei dieser Prüfeinrichtungen konfiguriert Die definierten Umgebungsbedingungen wurden in Temperierkammern mit Laugenbecken unter Verwendung gesättigter Natriumbromid-Lösung erzeugt.

Die Prüfstände am IMB/MPA Karlsruhe zur Durchführung von Ermüdungsuntersuchungen im HCF-Bereich einschließlich der eingesetzten Temperierkammern sind Bild 47 zu entnehmen.

Bild 47: Prüfstände am IMB/MPA Karlsruhe zur Durchführung von Druckschwellversuchen an Betonzylindern bei unterschiedlichen klimatischen Umgebungsbedingungen

5.2 Versuchsergebnisse der HCF-Versuche

Im folgenden Abschnitt werden die Versuchsergebnisse der HCF-Versuche tabellarisch aufgeführt. Zur Abschätzung der Probensteifigkeit wurde jeweils vor Beginn der zyklischen Beanspruchung der statische E-Modul entsprechend Entwurf DIN EN 12390-13:2019-10, Methode B /18/ bestimmt. Die Auswertung der Versuche unter Ermittlung der logarithmierten Dehnungsanstiege in Phase II unter Unter- und Oberlast (log $\dot{\varepsilon}_{sec,min}$ und log $\dot{\varepsilon}_{sec,max}$). Die Phase II erfolgte dabei, wie bereits bei der Aufführung der VHCF-Ergebnisse dargelegt, im bezogenen Lastwechselbereich zwischen N/N_{max} = 0,3 und N/N_{max} = 0,7 einheitlich definiert.

Zur Charakterisierung der Betonproben und zur Festlegung des jeweiligen Lastniveaus je Betonfestigkeitsklasse wurden die Probenabmessungen gemäß Anhang A und die Materialkennwerte der Betone gemäß Anhang B verwendet.

5.2.1 HCF-Versuche an Proben der Betonfestigkeitsklasse C40

Die Ergebnisse der HCF-Versuchsreihe mit Zylinderproben d/h = 100 mm = 200 mm der Betonfestigkeitsklasse C40 sind den Tabellen 20 bis 25 zu entnehmen.

Tabelle 20: Versuchsbedingungen der Ermüdungsversuche im HCF-Bereich der Betonfestigkeitsklasse C40 bei Raumtemperatur

Probennummer	Probenalter	E-Modul vor Versuch[1)]	f	$S_{c,min}$	$S_{c,max}$	F_{min}	F_{max}	log N	Versuchs-ende
–	d	N/mm²	Hz	–	–	kN	kN	–	–
1	2	3	4	5	6	7	8	9	10
C40_8	187	29642	1	0,4	0,75	127	237	5,9	Bruch
C40_9	194	29722	5			127	234	6,0	Bruch
C40_10	200	29647	5			125	233	6,3	Durchläufer
C40_11	206	27935	5			124	232	5,0	Bruch
C40_12	207	30297	5			126	233	6,3	Durchläufer

1) Sekanten-E-Modul gemäß DIN EN 12390-13:2019-10, Methode B /18/

Tabelle 21: Auswertung der Ermüdungsversuche im HCF-Bereich der Betonfestigkeitsklasse C40 bei Raumtemperatur

Probennummer	ε_{max}	f	log $\dot{\varepsilon}_{sec,max}$	log $\dot{\varepsilon}_{sec,min}$	ΔT	log N	Versuchsende
–	µm/m	Hz	–	–	K	–	–
1	2	3	4	5	6	7	8
C40_8	4277	1	-9,23	-9,23	1,6	5,9	Bruch
C40_9	3651	5	-9,07	-9,08	1,5	6,0	Bruch
C40_10	2701	5	-9,49	-9,49	3,0	6,3	Durchläufer
C40_11	2792	5	-8,24	-8,24	1,2	5,0	Bruch
C40_12	3102	5	-9,41	-9,42	2,0	6,3	Durchläufer

Tabelle 22: Versuchsbedingungen der Ermüdungsversuche im HCF-Bereich der Betonfestigkeitsklasse C40 bei ca. +35 °C

Probennummer	Probenalter	E-Modul vor Versuch[1)]	f	$S_{c,min}$	$S_{c,max}$	F_{min}	F_{max}	log N	Versuchsende
–	d	N/mm²	Hz	–	–	kN	kN	–	–
1	2	3	4	5	6	7	8	9	10
C40_13	300	29661	5	0,4	0,75	121	226	5,4	Bruch
C40_14	300	27204	1			119	227	4,6	Bruch
C40_15	304	27924	5			117	220	5,0	Bruch
C40_16	310	30142	5			116	219	6,3	Durchläufer
C40_20	316	29440	5			116	219	6,3	Durchläufer
C40_21	327	29315	1			119	223	6,3	Durchläufer
C40_24	355	28003	5			118	221	5,5	Bruch

1) Sekanten-E-Modul gemäß DIN EN 12390-13:2019-10 (Entwurf), Verfahren B

Tabelle 23: Auswertung der Ermüdungsversuche im HCF-Bereich der Betonfestigkeitsklasse C40 bei ca. + 35 °C

Probennummer	ε_{max}	f	log $\dot{\varepsilon}_{sec,max}$	log $\dot{\varepsilon}_{sec,min}$	ΔT	log N	Versuchsende
–	µm/m	Hz	–	–	K	–	–
1	2	3	4	5	6	7	8
C40_13	3495	5	-8,50	-8,51	0,7	5,4	Bruch
C40_14	3225	1	-7,76	-7,77	-	4,6	Bruch
C40_15	3718	5	-8,09	-8,10	1,2	5,0	Bruch
C40_16	2776	5	-9,58	-9,58	1,2	6,3	Durchläufer
C40_20	2888	5	-9,49	-9,50	0,9	6,3	Durchläufer
C40_21	2816	1	-9,58	-9,58	0,5	6,3	Durchläufer
C40_24	3066	5	-8,71	-8,72	1,3	5,5	Bruch

Tabelle 24: Versuchsbedingungen der Ermüdungsversuche im HCF-Bereich der Betonfestigkeitsklasse C40 bei ca. +70 °C

Probennummer	Probenalter	E-Modul vor Versuch[1)]	f	$S_{c,min}$	$S_{c,max}$	F_{min}	F_{max}	log N	Versuchsende
–	d	N/mm²	Hz	–	–	kN	kN	–	–
1	2	3	4	5	6	7	8	9	10
C40_22	398	25857	5	0,4	0,75	102	190	6,3	Durchläufer
C40_25	405	25376	1			102	191	4,36	Bruch
C40_32	405	28787	5			99	187	6,3	Durchläufer
C40_33	406	25792	5			100	188	5,4	Bruch
C40_34	410	25088	5			100	189	6,3	Durchläufer
C40_35	451	25242	1			102	190	6,3	Durchläufer

1) Sekanten-E-Modul gemäß DIN EN 12390-13:2019-10, Methode B /18/

Tabelle 25: Auswertung der Ermüdungsversuche im HCF-Bereich der Betonfestigkeitsklasse C40 bei ca. +70 °C

Probennummer	ε_{max}	f	log $\dot{\varepsilon}_{sec,max}$	log $\dot{\varepsilon}_{sec,min}$	ΔT	log N	Versuchsende
–	µm/m	Hz	–	–	K	–	–
1	2	3	4	5	6	7	8
C40_22	3351	5	-9,71	-9,69	0,1	6,3	Durchläufer
C40_25	3749	5	-7,49	-7,50	0,1	4,36	Bruch
C40_32	3457	5	-9,52	-9,51	0,6	6,3	Durchläufer
C40_33	3976	5	-8,58	-8,58	0,4	5,4	Bruch
C40_34	3035	5	-9,66	-9,64	0	6,3	Durchläufer
C40_35	3669	1	-9,78	-9,77	0,2	6,3	Durchläufer

Exemplarisch und repräsentativ für die o.g. Versuchsreihe der HCF-Versuche mit Zylinderproben d/h = 100 mm/200 mm der Betonfestigkeitsklasse C40 zwischen den Ober- und Unterspannungen $S_{c,min} = 0,4$ und $S_{c,max} = 0,75$ werden die Versuchsergebnisse einer Ermüdungsuntersuchung bei

- Raumtemperatur
- erhöhter Temperatur von ca. +35 °C und
- maximal festgelegter Temperatur von ca. +70 °C

graphisch aufgetragen und verdeutlicht (vgl. Bilder 48 bis 53).

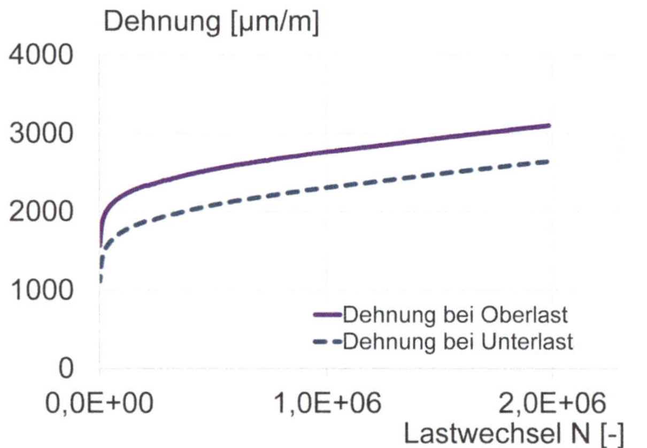

Bild 48: Dehnungsverläufe bei Ober- und Unterlast der Probe Nr. C40_12 bei Raumtemperatur

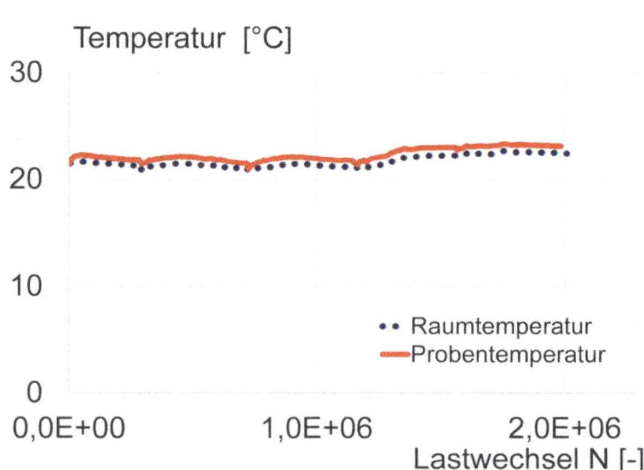

Bild 49: Proben- und Umgebungstemperatur während des Ermüdungsversuchs an der Probe Nr. C40_12 bei Raumtemperatur

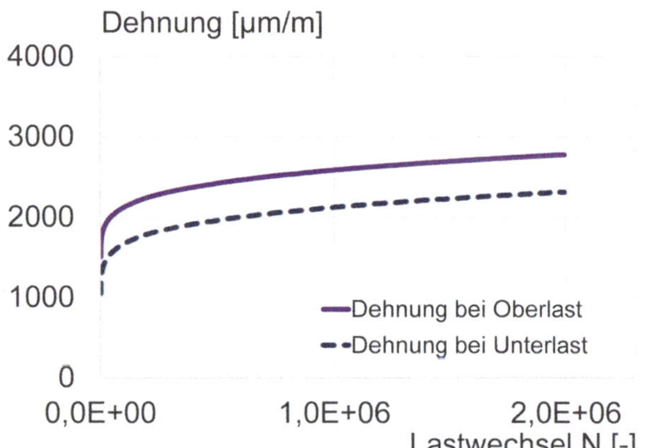

Bild 50: Dehnungsverläufe bei Ober- und Unterlast der Probe Nr. C40_16 bei ca. +35 °C

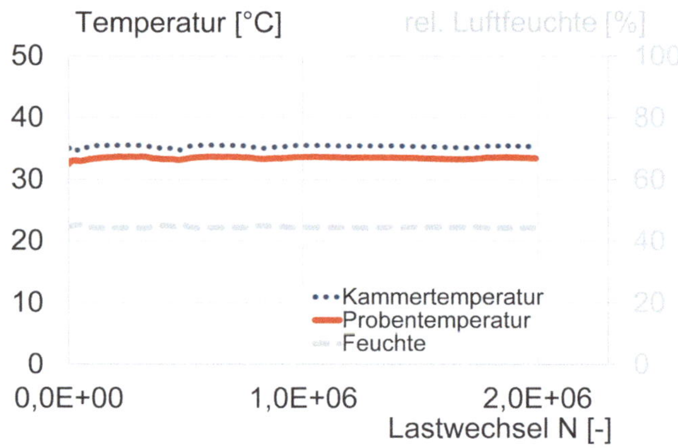

Bild 51: Temperatur- und rel. Luftfeuchteverlauf während des Ermüdungsversuchs an der Probe Nr. C40_16 bei ca. +35 °C

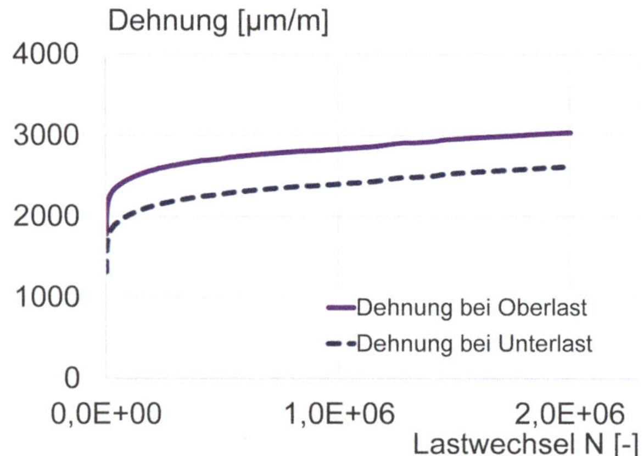

Bild 52: Dehnungsverläufe bei Ober- und Unterlast der Probe Nr. C40_34 bei ca. +70 °C

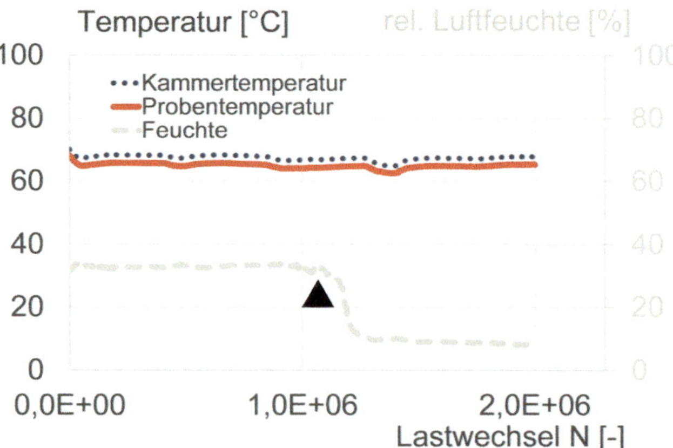

Bild 53: Temperatur- und rel. Luftfeuchteverlauf während des Ermüdungsversuchs an der Probe Nr. C40_34 bei ca. +70 °C (▲unplanmäßiger Feuchteabfall)

5.2.2 HCF-Versuche an Proben der Betonfestigkeitsklasse C80

Die Ergebnisse der HCF-Versuchsreihe mit Zylinderproben d/h = 100 mm/200 mm der Betonfestigkeitsklasse C80 sind den Tabellen 26 bis 31 zu entnehmen. Die angelieferten Betonproben im Format d/h = 100 mm/200 mm der dritten Betoniercharge (Kennzeichnung mit C3 in der Probenbezeichnung) wiesen eine große Anzahl an Luftporen auf, da im Herstellungsprozess ein 20-minütiger Mischerstillstand aufgetreten ist.

Tabelle 26: Versuchsbedingungen der Ermüdungsversuche im HCF-Bereich der Betonfestigkeitsklasse C80 bei Raumtemperatur

Probennummer	Probenalter	E-Modul vor Versuch[1)]	f	$S_{c,min}$	$S_{c,max}$	F_{min}	F_{max}	log N	Versuchsende
–	d	N/mm²	Hz	–	–	kN	kN	–	–
1	2	3	4	5	6	7	8	9	10
C80_4	252	47207	5	0,4	0,75	371	694	6,3	Durchläufer
C80_5	257	47496	5			348[2)]	702	6,3	Durchläufer
C80_6	264	48745	5			373	700	6,3	Durchläufer
C80_7	271	47655	1			375	699	6,3	Durchläufer

1) Sekanten-E-Modul gemäß DIN EN 12390-13:2019-10, Methode B /18/

2) Geringfügige Abweichung zur Soll-Unterlast

Tabelle 27: Auswertung der Ermüdungsversuche im HCF-Bereich der Betonfestigkeitsklasse C80 bei Raumtemperatur

Probennummer	ε_{max}	f	log $\dot{\varepsilon}_{sec,max}$	log $\dot{\varepsilon}_{sec,min}$	ΔT	log N	Versuchsende
–	µm/m	Hz	–	–	K	–	–
1	2	3	4	5	6	7	8
C80_4	3179	5	-9,61	-9,60	3,4	6,3	Durchläufer
C80_5	4271	5	-9,59	-9,50	5,9	6,3	Durchläufer
C80_6	4032	5	-9,58	-9,57	4,9	6,3	Durchläufer
C80_7	5336	1	-9,34	-9,33	3,9	6,3	Durchläufer

Tabelle 28: Versuchsbedingungen der Ermüdungsversuche im HCF-Bereich der Betonfestigkeitsklasse C80 bei ca. +35 °C

Probennummer	Proben-alter	E-Modul vor Versuch	f	$S_{c,min}$	$S_{c,max}$	F_{min}	F_{max}	log N	Versuchs-ende
–	d	N/mm²	Hz	–	–	kN	kN	–	–
1	2	3	4	5	6	7	8	9	10
C80_16	679	45714	5	0,4	0,75	372	701	5,9	Bruch
C80_17	681	45473	5			368	682	3,9	Bruch
C80_18	684	45708	5			368	683	4,0	Bruch
C80_19	685	44767	5			367	681	6,3	Durchläufer
C80_20	693	44650	1			368	687	6,1	Bruch

Tabelle 29: Auswertung der Ermüdungsversuche im HCF-Bereich der Betonfestigkeitsklasse C80 bei ca. +35 °C

Probennummer	ε_{max}	f	log $\dot{\varepsilon}_{sec,max}$	log $\dot{\varepsilon}_{sec,min}$	ΔT	log N	Versuchsende
–	µm/m	Hz	–	–	K	–	–
1	2	3	4	5	6	7	8
C80_16	3789	5	-9,14	-9,14	3,0	5,9	Bruch
C80_17	3379	5	-7,45	-7,49	1,2	3,9	Bruch
C80_18	2776	5	-7,67	-7,70	1,0	4,0	Bruch
C80_19	3910	5	-9,38	-9,38	3,6	6,3	Durchläufer
C80_20	4730	1	-9,12	-9,12	0,1	6,1	Bruch

Tabelle 30: Versuchsbedingungen der Ermüdungsversuche im HCF-Bereich der Betonfestigkeitsklasse C80 bei ca. +70 °C

Probennummer	Probenalter	E-Modul vor Versuch	f	$S_{c,min}$	$S_{c,max}$	F_{min}	F_{max}	log N	Versuchsende
–	d	N/mm²	Hz	–	–	kN	kN	–	–
1	2	3	4	5	6	7	8	9	10
C80_12	896	41720	1	0,4	0,75	291	543	6,3	Durchläufer
C80_C3_5	485	38172	5			291	545	5,3	Bruch
C80_C3_6	510	37430	5			290	543	3,7	Bruch
C80_C3_7	510	38447	5			291	545	4,3	Bruch
C80_C3_8	519	39015	5			273	512	6,3	Durchläufer
C80_C3_16	533	38784	5			273	511	5,6[1)]	Bruch
C80_C3_17	535	36919	1			273	510	4,1	Bruch

[1)] Dehnungsunterschiede der gegenüberliegenden DMS sehr ausgeprägt (> 1300 µm/m)

Tabelle 31: Auswertung der Ermüdungsversuche im HCF-Bereich der Betonfestigkeitsklasse C80 bei ca. +70 °C

Probennummer	ε_{max}	f	log $\dot{\varepsilon}_{sec,max}$	log $\dot{\varepsilon}_{sec,min}$	ΔT	log N	Versuchsende
–	µm/m	Hz	–	–	K	–	–
1	2	3	4	5	6	7	8
C80_C3_5	4724	1	-8,25	-8,26	1,0	5,3	Bruch
C80_C3_6	3454	5	-7,10	-7,10	0,6	3,7	Bruch
C80_C3_7	4064	5	-7,40	-7,41	0,1	4,3	Bruch
C80_C3_8	4372	5	-9,48	-9,47	0,2	6,3	Durchläufer
C80_C3_16	4955	5	-8,60	-8,60	1,1	5,6[1)]	Bruch
C80_12	3218	5	-9,77	-9,72	2,9	6,3	Durchläufer
C80_C3_17	4387	1	-7,29	-7,29	0,2	4,1	Bruch

[1)] Dehnungsunterschiede der gegenüberliegenden DMS sehr ausgeprägt (> 1300 µm/m)

Exemplarisch und repräsentativ für die o.g. Versuchsreihe der HCF-Versuche mit Zylinderproben d/h = 100 mm/200 mm der Betonfestigkeitsklasse C80 zwischen den Ober- und Unterspannungen $S_{c,min}$ = 0,4 und $S_{c,max}$ = 0,75 werden die Versuchsergebnisse einer Ermüdungsuntersuchung bei

- Raumtemperatur
- erhöhter Temperatur von ca. +35 °C und
- maximal festgelegter Temperatur von ca. +70 °C

graphisch aufgetragen und verdeutlicht (vgl. Bilder 54 bis 59).

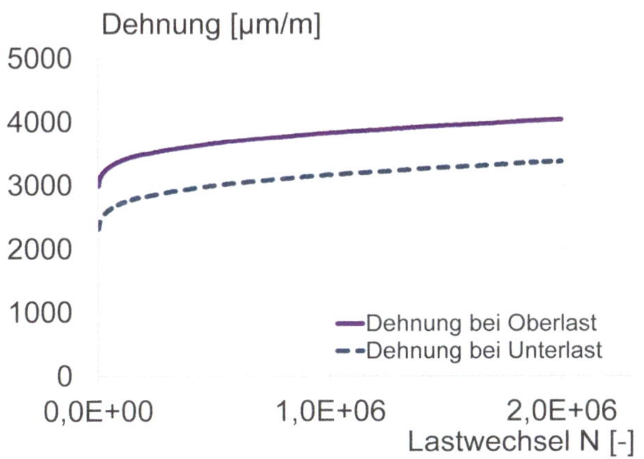

Bild 54: Dehnungsverläufe bei Ober- und Unterlast der Probe Nr. C80_6 bei Raumtemperatur

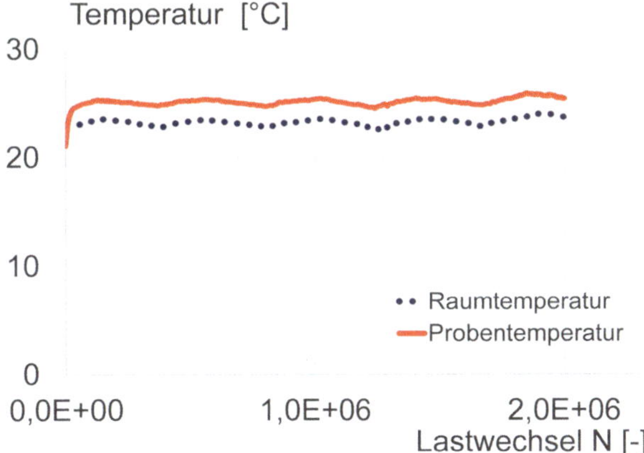

Bild 55: Proben- und Umgebungstemperatur während des Ermüdungsversuchs an der Probe Nr. C80_6 bei Raumtemperatur

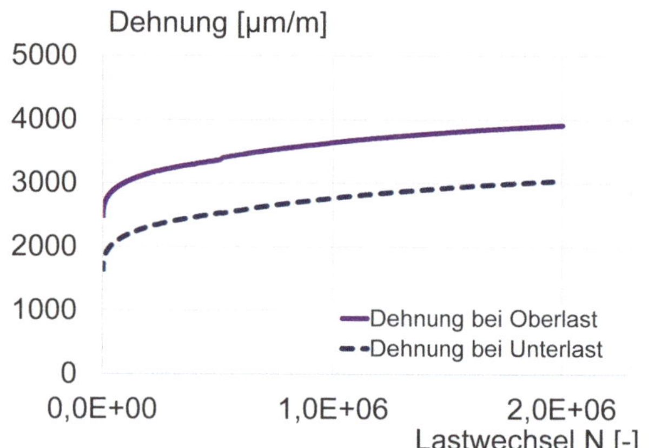

Bild 56: Dehnungsverläufe bei Ober- und Unterlast der Probe Nr. C80_19 bei ca. +35 °C

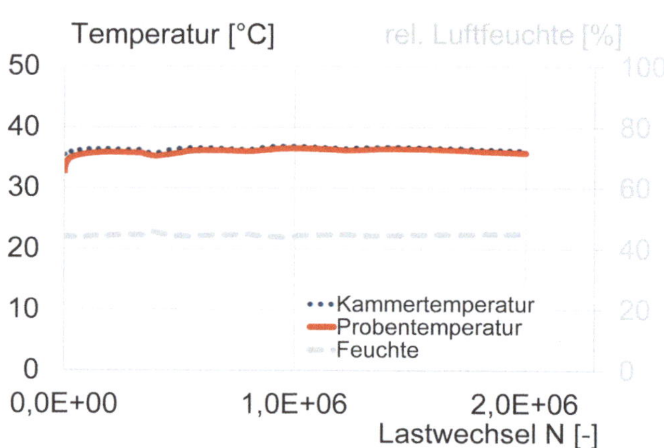

Bild 57: Temperatur- und rel. Luftfeuchteverlauf während des Ermüdungsversuchs an der Probe Nr. C80_19 bei ca. +35 °C

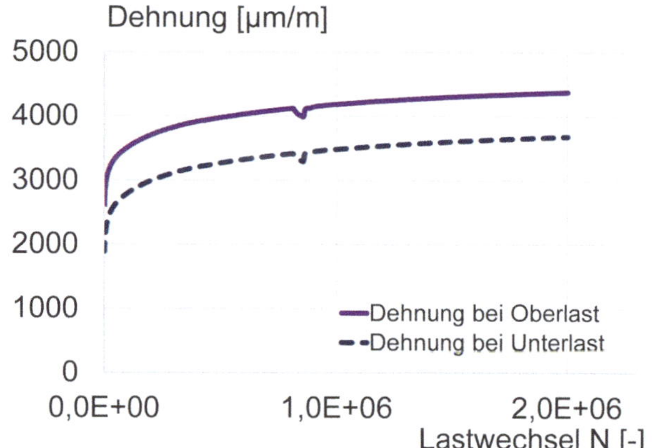

Bild 58: Dehnungsverläufe bei Ober- und Unterlast der Probe Nr. C80_8 bei ca. +70 °C

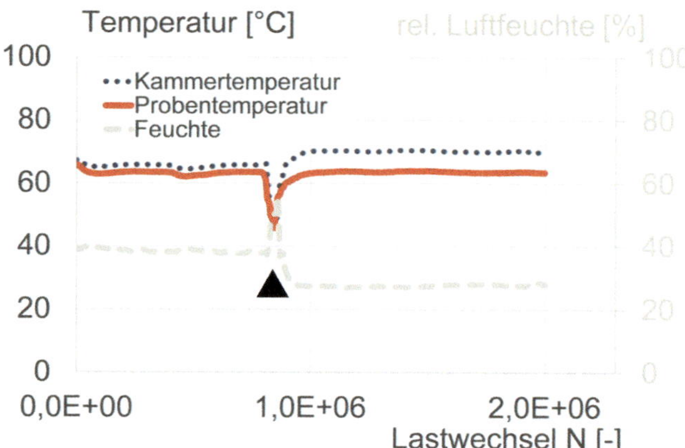

Bild 59: Temperatur- und rel. Luftfeuchteverlauf während des Ermüdungsversuchs an der Probe Nr. C80_8 bei ca. +70 °C (▲Temperaturabfall und Feuchtigkeitsanstieg vermutlich aufgrund einer kurzen Öffnung der Kammertür)

5.2.3 HCF-Versuche an Proben der Betonfestigkeitsklasse C120

Die Ergebnisse der HCF-Versuchsreihe mit Zylinderproben d/h = 100 mm/200 mm der Betonfestigkeitsklasse C120 sind den Tabellen 32 bis 37 zu entnehmen.

Tabelle 32: Versuchsbedingungen der Ermüdungsversuche im HCF-Bereich der Betonfestigkeitsklasse C120 bei Raumtemperatur

Probennummer	Probenalter	E-Modul vor Versuch[1]	f	$S_{c,min}$	$S_{c,max}$	F_{min}	F_{max}	log N	Versuchsende
–	d	N/mm²	Hz	–	–	kN	kN	–	–
1	2	3	4	5	6	7	8	9	10
C120_8[2]	324	55859	5	0,4	0,75	454	851	6,3	Durchläufer
C120_9	330	57410	5			456	855	6,3	Durchläufer
C120_10	301	56180	5			455	849	6,3	Durchläufer
C120_13	380	55872	1			455	853	6,3	Durchläufer

[1] Abschätzung des E-Moduls jeder Probe vor Beginn der Druckschwellbeanspruchung

[2] Versuchsunterbrechung - Probe wurde erneut belastet und bis zur LW-Zahl $N = 2 \cdot 10^6$ zyklisch beansprucht

Tabelle 33: Auswertung der Ermüdungsversuche im HCF-Bereich der Betonfestigkeitsklasse C120 bei Raumtemperatur

Probennummer	ε_{max}	f	log $\dot{\varepsilon}_{sec,max}$	log $\dot{\varepsilon}_{sec,min}$	ΔT	log N	Versuchsende
–	µm/m	Hz	–	–	K	–	–
1	2	3	4	5	6	7	8
C120_8a[1]	2873	5	-9,84	-9,83	4,3	Σ 6,3	Durchläufer
C120_8b[1]	2930	5	-9,82	-9,82	3,2		
C120_9	2800	5	-9,88	-9,87	7,3	6,3	Durchläufer
C120_10	3178	5	-9,80	-9,68	4,5	6,3	Durchläufer
C120_13	3231	1	-9,75	-9,74	2,8	6,3	Durchläufer

[1] Versuchsunterbrechung - Probe wurde erneut belastet und bis zur LW-Zahl $N = 2 \cdot 10^6$ zyklisch beansprucht

Tabelle 34: Versuchsbedingungen der Ermüdungsversuche im HCF-Bereich der Betonfestigkeitsklasse C120 bei ca. +35 °C

Probennummer	Probenalter	E-Modul vor Versuch	f	$S_{c,min}$	$S_{c,max}$	F_{min}	F_{max}	log N	Versuchsende
–	d	N/mm²	Hz	–	–	kN	kN	–	–
1	2	3	4	5	6	7	8	9	10
C120_14	1008	55588	5	0,4	0,75	461	853	6,3	Durchläufer
C120_15	1014	56481	5			454	852	6,3	Durchläufer
C120_16	1022	55849	5			455	848	6,3	Durchläufer
C120_17	1021	55573	1			456	850	6,3	Durchläufer

Tabelle 35: Auswertung der Ermüdungsversuche im HCF-Bereich der Betonfestigkeitsklasse C120 bei ca. +35 °C

Probennummer	ε_{max}	f	log $\dot{\varepsilon}_{sec,max}$	log $\dot{\varepsilon}_{sec,min}$	ΔT	log N	Versuchsende
–	µm/m	Hz	–	–	K	–	–
1	2	3	4	5	6	7	8
C120_14	2986	5	-9,95	-9,94	2,3	6,3	Durchläufer
C120_15	2886	5	-10,01	-9,99	2,6	6,3	Durchläufer
C120_16	2634	5	-9,96	-9,95	4,2	6,3	Durchläufer
C120_17	3092	1	-9,80	-9,80	2,4	6,3	Durchläufer

Tabelle 36: Versuchsbedingungen der Ermüdungsversuche im HCF-Bereich der Betonfestigkeitsklasse C120 bei ca. +70 °C

Probennummer	Probenalter	E-Modul vor Versuch	f	$S_{c,min}$	$S_{c,max}$	F_{min}	F_{max}	log N	Versuchsende
–	d	N/mm²	Hz	–	–	kN	kN	–	–
1	2	3	4	5	6	7	8	9	10
C120_C3_5	881	47745	5	0,4	0,75	348	652	6,3	Durchläufer
C120_C3_8	871	49215	5			347	648	6,3	Durchläufer
C120_C3_16	902	50820	5			347	648	6,3	Durchläufer
C120_C3_17	923	49584	1			350	652	3,0[1)]	Bruch
C120_C3_18	924	50114	1			349	651	3,0[1)]	Bruch
C120_C3_19	932	50477	1			347	650	6,3	Durchläufer

[1)] Dehnungsunterschiede sehr ausgeprägt (> 1200 µm/m)

Tabelle 37: Auswertung der Ermüdungsversuche im HCF-Bereich der Betonfestigkeitsklasse C120 bei ca. +70 °C

Probennummer	ε_{max}	f	log $\dot{\varepsilon}_{sec,max}$	log $\dot{\varepsilon}_{sec,min}$	ΔT	log N	Versuchsende
–	µm/m	Hz	–	–	K	–	–
1	2	3	4	5	6	7	8
C120_C3_5	2994	5	-9,77	-9,74	0,2	6,3	Durchläufer
C120_C3_8	2616	5	-9,75	-9,75	0,2	6,3	Durchläufer
C120_C3_16	3601	5	-9,62	-9,60	0,3	6,3	Durchläufer
C120_C3_17	3211	1	- [1)]	- [1)]	0,2	3,0[1)]	Bruch
C120_C3_18	2981	1	- [1)]	- [1)]	0	3,0[1)]	Bruch
C120_C3_19	3321	1	-9,77	-9,75	0	6,3	Durchläufer

[1)] Dehnungsunterschiede sehr ausgeprägt (> 1200 µm/m) Versagen der Probe bereits nach 0,28 h; daher wird die Dehnungsentwicklung in Phase II nicht als repräsentativ angesehen.

Exemplarisch und repräsentativ für die o.g. Versuchsreihe der HCF-Versuche mit Zylinderproben d/h = 100 mm/200 mm der Betonfestigkeitsklasse C120 zwischen den Ober- und Unterspannungen $S_{c,min}$ = 0,4 und $S_{c,max}$ = 0,75 werden die Versuchsergebnisse einer Ermüdungsuntersuchung bei

- Raumtemperatur
- erhöhter Temperatur von ca. +35 °C und
- maximal festgelegter Temperatur von ca. +70 °C

graphisch aufgetragen und verdeutlicht (vgl. Bilder 60 bis 65).

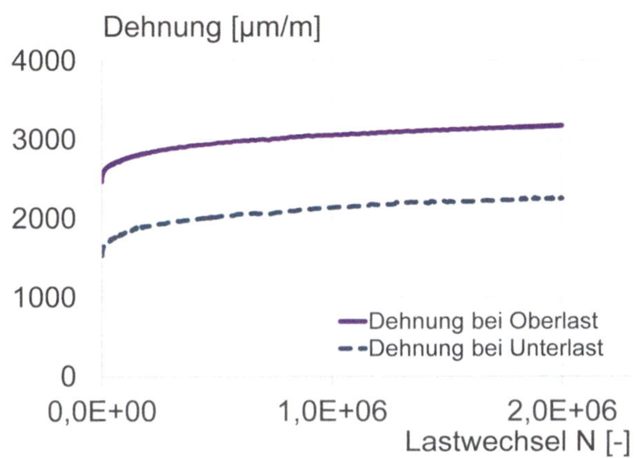

Bild 60: Dehnungsverläufe bei Ober- und Unterlast der Probe Nr. C120_10 bei Raumtemperatur

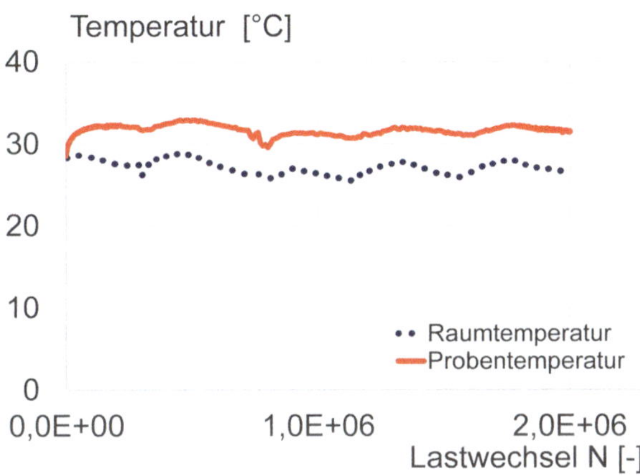

Bild 61: Proben- und Umgebungstemperatur während des Ermüdungsversuchs an der Probe Nr. C120_10 bei Raumtemperatur

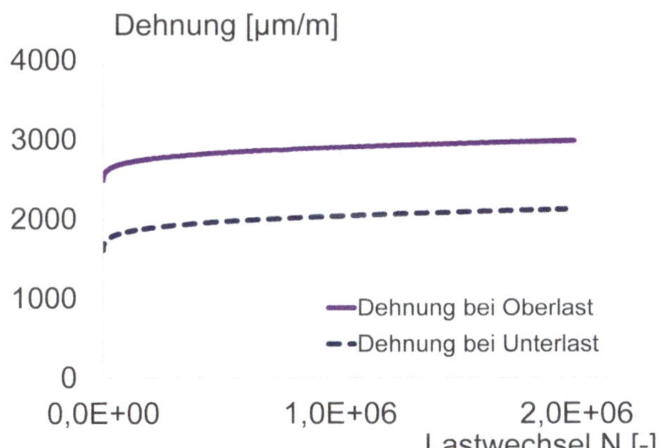

Bild 62: Dehnungsverläufe bei Ober- und Unterlast der Probe Nr. C120_14 bei ca. +35 °C

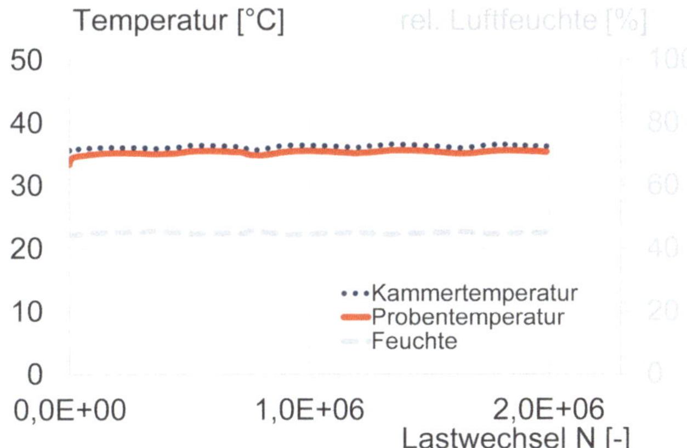

Bild 63: Temperatur- und rel. Luftfeuchteverlauf während des Ermüdungsversuchs an der Probe Nr. C120_14 bei ca. +35 °C

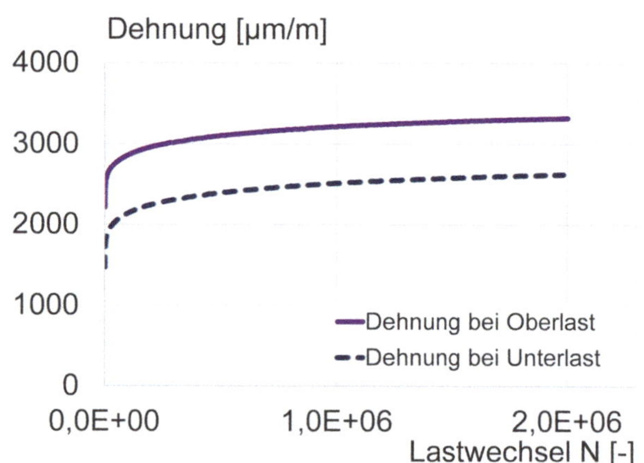

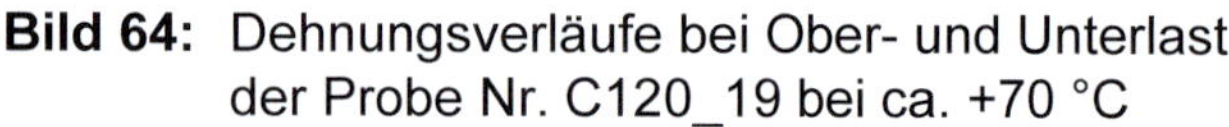

Bild 64: Dehnungsverläufe bei Ober- und Unterlast der Probe Nr. C120_19 bei ca. +70 °C

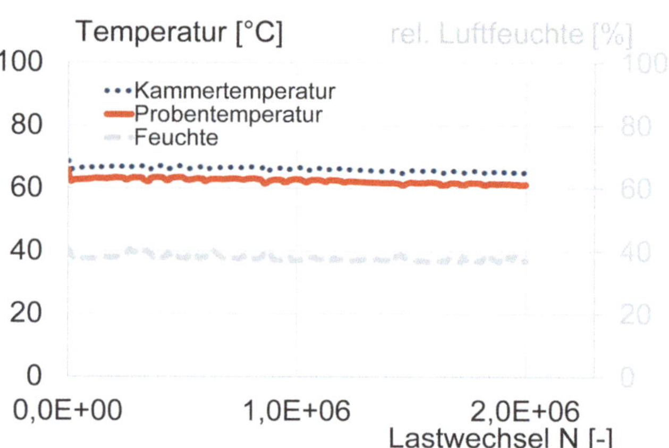

Bild 65: Temperatur- und rel. Luftfeuchteverlauf während des Ermüdungsversuchs an der Probe Nr. C120_19 bei ca. +70 °C

6 Versuchstechnische Umsetzung sowie Zusammenstellung der Ergebnisse der Kriechuntersuchung

6.1 Allgemeines

Die zuvor dargestellten Ermüdungsuntersuchungen wurden gezielt durch statische Dauerstand- (Kriechversuche) und Schwindversuche an den drei benannten Betonarten ergänzt. Hierbei wurden die axialen Verformungen detektiert, die unter einer Kriechbeanspruchung von $\sigma_c = 0{,}75 \cdot f_c$ an Zylinderproben aus den drei Betonfestigkeitsklassen C40, C80 und C120 in den Abmessungen d/h = 100 mm/200 mm resultierten.

Neben der Umsetzung der Versuche bei Raumtemperatur wurde ebenfalls das Verformungsverhalten bei einer Umgebungstemperatur von ca. +70 °C untersucht. Ein Teil der Versuche erfolgte daher in Temperierkammern, die direkt in die 1000 kN-Dauerstandprüfer eingebaut wurden.

Ein 1000 kN-Dauerstandprüfer mit eingesetzten Betonzylinderproben d/h = 100 mm/200 mm ist Bild 66 zu entnehmen.

Bild 66: 1000 kN-Dauerstandprüfer MFL mit zwei Betonproben d/h = 100 mm/200 mm am IMB/MPA Karlsruhe

Zur Realisierung des erhöhten Temperaturniveaus von +70 °C wurden im Rahmen der Dauerstandversuche Temperierkammern verwendet. Diese wurden am IMB/MPA Karlsruhe entworfen und angefertigt sowie mit entsprechenden Innenaufbauten zur Umsetzung von Dauerstandversuchen mit jeweils zwei gleichzeitig eingesetzten Betonzylindern mit einem Durchmesser von d = 100 mm und einer Höhe h = 200 mm versehen. Die Abmessungen der Temperierkammern wurden so gewählt, dass die Temperierkammern in Kombination mit verschiedenen Versuchseinrichtungen - hier den Dauerstandprüfern - verwendet werden können. Die Regelung der Temperatur in der Temperierkammer kann über elektrisch betriebene Heizmatten oder durch die Verwendung von Thermostaten erfolgen. Passende Messgestelle aus Aluminium wurden für die Probengeometrie d/h = 100 mm/200 mm angefertigt.

Parallel zu den Proben für die Kriechuntersuchungen wurden jeweils zwei Schwindproben vorbereitet. Diese wurden an den Stirnflächen über Bitumenfolie versiegelt und ebenfalls mit Messgestellen versehen, die es ermöglichten, die Längenänderungen jeder Probe über drei um 120° verschwenkt angeordnete induktive Wegaufnehmer zu detektieren. Bei Raumtemperatur wurden die Schwindproben in der Nähe des Kriechstandes in einem Klimaraum bei +20 °C/65 % rel. LF gelagert. Für die Untersuchungen bei einer Umgebungstemperatur von ca. +70 °C wurden die Schwindproben in einer Temperierkammer (vgl. Bild 67) und die Kriechproben in einer weiteren Temperierkammer (vgl. Bild 68) in einem Klimaraum mit den Umgebungsbedingungen +20 °C/65 % rel. F. positioniert. Durch diese Vorgehensweise war sichergestellt, dass die Kriechstände und damit die konstante Belastung nicht durch äußere Temperaturveränderungen beeinflusst werden.

Neben der Erfassung von Dehnungsänderungen erfolgte die Temperatur- und rel. Luftfeuchtemessung in jeder Kammer.

Bild 67: Schwindproben in Temperierkammer mit Laugenbehälter am IMB/MPA Karlsruhe

Bild 68: Versuchsstand zur Durchführung von Kriechuntersuchungen in einer Temperierkammer mit Laugenbehälter am IMB/MPA Karlsruhe

Die Temperierkammern, die ebenfalls für die Druckschwellversuche eingesetzt wurden, verfügen über einen Laugenbehälter für die Verwendung von gesättigter Salzlösung (Natriumbromid-Lösung) zur Erhöhung der rel. Luftfeuchte in den Temperierkammern, siehe Entwurf zu DIN EN ISO 12571:2020-11 /19/ Norm. Diese Natriumbromid-Lösung erzeugt durch ihr Sorptionsverhalten in einem geschlossenen System eine rel. Luftfeuchte von ca. 35 %. bei einer Temperatur von ca. +70 °C. Die detektierte rel. Luftfeuchte in halber Höhe der Temperierkammer bei ca. +70 °C lag während der Kriechuntersuchungen unter 35 % rel. F., weil auf den Einsatz von Lüftern zum Umwälzen der Luft in der Temperierkammer verzichtet werden musste.

Die Untersuchung des Schwind- und Kriechverhaltens der Betonproben erfolgte nach DAfStb-Heft 422 /20/. Die Ermittlung der axialen Verformungen erfolgte an jeweils zwei Schwind- und Kriechprüfkörpern an je drei Achsen pro Prüfkörper mittels induktiver Wegaufnehmer. Die Messlänge betrug ca. 100 mm. Zur kontinuierlichen Erfassung und Speicherung der Verformungsdaten der einzelnen Proben diente eine computergesteuerte Messanlage. Die Messdatenerfassungsrate lag bei 0,5 Hz während des Belastungsvorgangs und einem Messwert je 30 Minuten während der Versuchslaufzeit.

Die Kriechuntersuchungen wurden in einem 1000 kN-Dauerstandprüfer in einem auf (20 ± 2) °C und (65 ± 5) % rel. LF. klimatisierten Raum bei einer Druckspannung von ca. 75 % der an den aus der gleichen Charge stammenden Betonproben ermittelten Bruchlast umgesetzt. Die aufgebrachte Drucknormalkraft wurde jeweils mittels einer im Dauerstandprüfer verbauten Kraftmessdose kontinuierlich erfasst. Die Beanspruchung wurde jeweils für mindestens 24 Tage konstant gehalten, um einen Bezug zu den Druckschwellversuchen mit einer Beanspruchungsfrequenz von f = 1 Hz bei einer ertragenen Lastwechselzahl $N = 2 \cdot 10^6$, was einer Versuchslaufzeit von ca. 23,5 Tagen entspricht, herstellen zu können.

Um die Kriechverformungen $\varepsilon_{cc}(t,t_o)$ der belasteten Probe zu ermitteln, wurde nach Gl. 1 von der am Versuchskörper gemessenen Gesamtverformung $\varepsilon_c(t)$, die elastische Verformung $\varepsilon_{ci}(t_o)$ zusammen mit der auftretenden Schwindverformung $\varepsilon_{cs}(t,t_s)$ abgezogen /21/. Hierzu wurden die Ergebnisse der Schwindmessungen herangezogen.

$$\varepsilon_{cc}(t,t_0) = \varepsilon_c(t) - \varepsilon_{ci}(t_0) - \varepsilon_{cs}(t,t_s) \qquad \text{(Gl.1)}$$

Die allgemeinen prüf- und messtechnischen Angaben der 1000 kN-Dauerstandprüfer ist in Tabelle 38 zusammengefasst.

Tabelle 38: Versuchstechnische Einrichtungen – Dauerstandversuche

1	2
Verwendung	Dauerstandversuche (Kriechversuche unter Druckbeanspruchung mit begleitenden Schwindversuchen) unter definierten Umgebungsbedingungen
Hersteller	Losenhausen/MFL
Typ	1000 kN-Dauerstandprüfer in Verbindung mit eingesetzten Temperierkammern
Druckplatten	oben gelenkig gelagert, unten starr
Gemessene Größen	Kraft Dehnung Feuchte- und Temperaturmessung bei Versuchen mit einer Umgebungstemperatur von ca. +70 °C
Messtechnik	Kraftmesssystem der Prüfeinrichtung Messgestell aus Aluminium mit drei um 120° verschwenkten induktiven Wegaufnehmern Feuchte- und Temperatursensoren
Spezielle Umgebungsbedingungen	Temperatur und rel. Luftfeuchte Klimaraum: (+20 ± 2) °C / (65 ± 5) % rel. LF Temperierkammern: ca. +70 °C / 35 % rel. LF
Bemerkungen	Die rel. Luftfeuchte bei ca. +70 °C wurde in Temperierkammern unter Verwendung gesättigter Natriumbromid-Lösung erzeugt

6.2 Versuchsergebnisse der statischen Dauerstandversuche

Im folgenden Abschnitt werden die Versuchsergebnisse der Kriechuntersuchungen zusammengestellt.

Zur Charakterisierung der Betonproben und zur Festlegung des jeweiligen Lastniveaus je Betonfestigkeitsklasse wurden die Probenabmessungen gemäß Anhang A und die Materialkennwerte der Betone gemäß Anhang B verwendet.

In den Schwindversuchen bei ca. +70 °C wurde stets nach ca. 12 Tagen eine Reduzierung der rel. Luftfeuchte festgestellt. Ein direkter Einfluss auf die Dehnungsentwicklung ist nicht festzustellen. Ein direkter Einfluss der rel. Luftfeuchte auf die Dehnungsentwicklung konnte weder bei den Druckschwellversuchen in Abschnitt 8 noch bei den Ergebnissen der Kriech- und Schwindversuche beobachtet werden. Dies deckt sich prinzipiell mit den Ergebnissen von Tomann /22/. In diesen Untersuchungen zum Einfluss wasserinduzierter Schädigungsmechanismen unter Ermüdungsbeanspruchung im hohen Lastwechselbereich zeigte sich eine deutliche Abhängigkeit zwischen der Probenfeuchte und dem Ermüdungswiderstand, der im Wesentlichen auf die Feuchtigkeit in der Mikrostruktur des Betons zurückzuführen ist, und nicht auf den Eintrag einer äußeren Umgebungsfeuchte /22/.

6.2.1 Statische Dauerstandversuche mit Proben der Betonfestigkeitsklasse C40

Die Ergebnisse der Kriech- und Schwinduntersuchungen mit Zylinderproben d/h = 100 mm/200 mm der Betonfestigkeitsklasse C40 sind der Tabelle 39 zu entnehmen.

Tabelle 39: Kriechversuche an Zylinderproben mit der Betonfestigkeitsklasse C40

Probennummer	Versuchsart	Umgebungstemperatur	Probenalter	f_c	E-Modul vor Versuch[1)]	$S_{max} = \sigma_{max}/f_c$	Laufzeit	Zustand nach dem Versuch
–	–	°C	d	N/mm²	N/mm²	–	d	–
1	2	3	4	5	6	7	8	9
C40_6	Schwinden	ca. 20	118	40,1	-	-	ca. 1	-
C40_7								
C40_4	Kriechen				26114	0,75		Bruch
C40_5								
C40_C2_4	Schwinden		617	49,5	-	-	>24	-
C40_C2_5								
C40_C2_8	Kriechen				35941	0,75		kein Bruch
C40_C2_9								
C40 _26	Schwinden	ca. 70	692	32,1[2)]	-	-	>24	-
C40 _27								
C40 _28	Kriechen				25662	0,75		kein Bruch
C40 _29								

1) Ermittlung des Sekanten-E-Moduls aus dem Belastungsast des Kriechversuchs

2) Gemäß *fib* Model Code 2010, Gl. 5.1-87a: $f_{cm}(T) = f_{cm} \cdot (1{,}06-0{,}003 \cdot T) = 37{,}8 \cdot 0{,}85$

Die Auswertung der Schwind- und Kriechuntersuchungen bei Raumtemperatur und bei einer Umgebungstemperatur von ca. +70 °C sind den folgenden Bildern 69 bis 72 zu entnehmen. Aufgrund des fortgeschrittenen Alters der Betonproben war eine Dehnungsveränderung infolge Schwinden bei Raumtemperatur sehr gering.

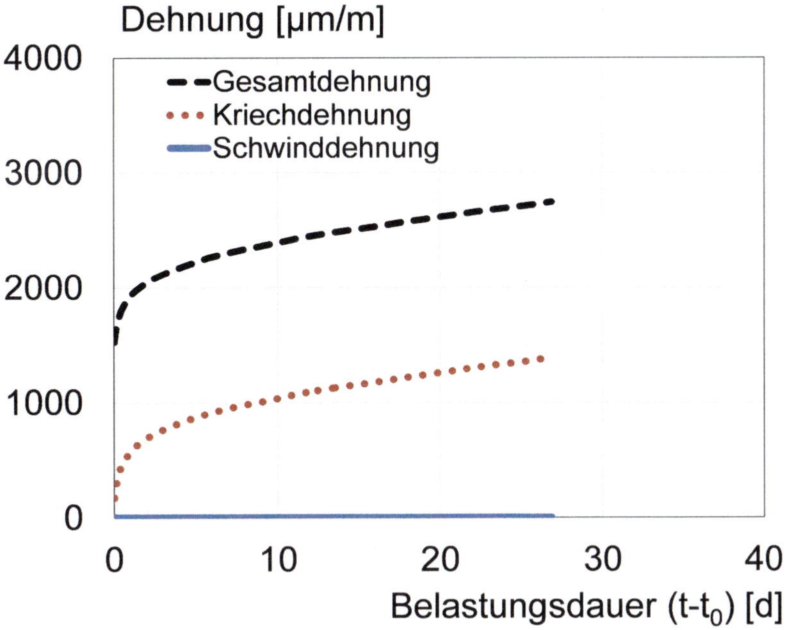

Bild 69: Gesamt-, Kriech- und Schwinddehnungsverlauf der Proben Nr. C40_C2_4, C40_C2_5, C40_C2_8 und C40_C2_9 bei Raumtemperatur

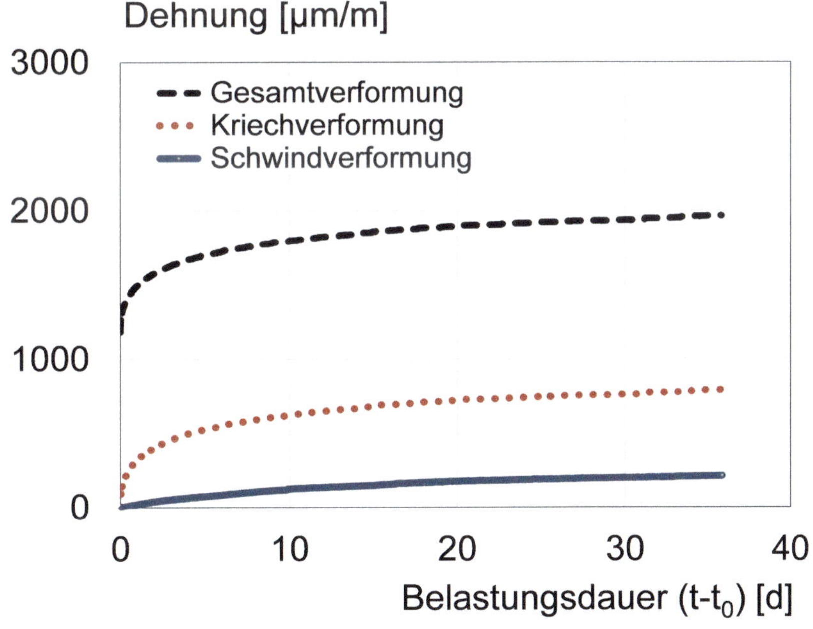

Bild 70: Gesamt-, Kriech- und Schwinddehnungsverlauf der Proben Nr. C40_26 bis C40_29 bei ca. +70 °C

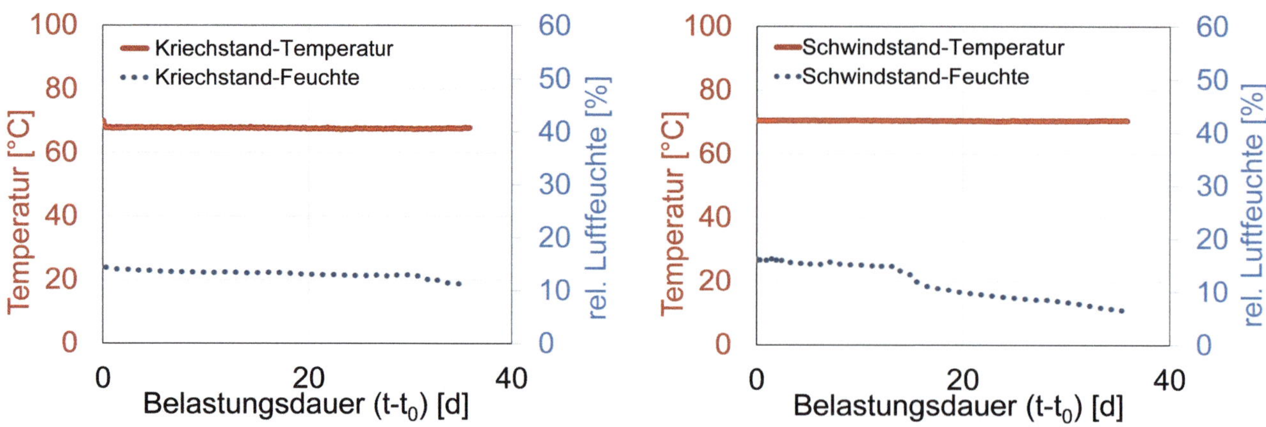

Bild 71: Temperatur- und rel. Luftfeuchteverlauf während des Kriechversuchs der Proben Nr. C40_28 und C40_29 bei ca. +70 °C

Bild 72: Temperatur- und rel. Luftfeuchteverlauf während des Schwindversuchs der Proben Nr. C40_26 und C40_27 bei ca. +70 °C

6.2.2 Statische Dauerstandversuche mit Proben der Betonfestigkeitsklasse C80

Die Ergebnisse der Kriech- und Schwinduntersuchungen mit Zylinderproben d/h = 100 mm/200 mm der Betonfestigkeitsklasse C80 sind der Tabelle 40 zu entnehmen.

Tabelle 40: Kriechversuche an Zylinderproben mit der Betonfestigkeitsklasse C80

<table>
<tr><th>Probennummer</th><th>Versuchs-art</th><th>Umgebungs-temperatur</th><th>Proben-alter</th><th>f_c</th><th>E-Modul vor Ver-such[1)]</th><th>$S_{max} = \sigma_{max}/f_c$</th><th>Laufzeit</th><th>Zustand nach dem Versuch</th></tr>
<tr><td>–</td><td>–</td><td>°C</td><td>d</td><td>N/mm²</td><td>N/mm²</td><td>–</td><td>d</td><td>–</td></tr>
<tr><td>1</td><td>2</td><td>3</td><td>4</td><td>5</td><td>6</td><td>7</td><td>8</td><td>9</td></tr>
<tr><td>C80_6</td><td rowspan="2">Schwinden</td><td rowspan="4">ca. 20
(Klimaraum)</td><td rowspan="4">239</td><td rowspan="4">118</td><td rowspan="2">-</td><td rowspan="2">-</td><td rowspan="4">> 24</td><td rowspan="2">-</td></tr>
<tr><td>C80_7</td></tr>
<tr><td>C80_4</td><td rowspan="2">Kriechen</td><td rowspan="2"></td><td rowspan="2">0,75</td><td rowspan="2">kein Bruch</td></tr>
<tr><td>C80_5</td></tr>
<tr><td>C80_C3_10</td><td rowspan="2">Schwinden</td><td rowspan="4">ca. 70</td><td rowspan="4">709</td><td rowspan="4">86,6[2)]</td><td rowspan="2">-</td><td rowspan="2">-</td><td rowspan="4">> 24</td><td rowspan="2">-</td></tr>
<tr><td>C80_ C3_11</td></tr>
<tr><td>C80_ C3_8</td><td rowspan="2">Kriechen</td><td rowspan="2">47405</td><td rowspan="2">0,75</td><td rowspan="2">kein Bruch</td></tr>
<tr><td>C80_ C3_9</td></tr>
</table>

1) Ermittlung des Sekanten-E-Moduls aus dem Belastungsast des Kriechversuchs

2) Gemäß *fib* Model Code 2010, Gl. 5.1-87a: f_{cm} (T) = f_{cm} (1,06-0,003·T) = 108,5 · 0,8 / Faktor 0,8 durch Probe C80_C3_4 bei ca. +65 °C bestätigt

Die Auswertung der Schwind- und Kriechuntersuchungen bei Raumtemperatur und bei einer Umgebungstemperatur von ca. +70 °C sind den folgenden Bildern 73 bis 76 zu entnehmen.

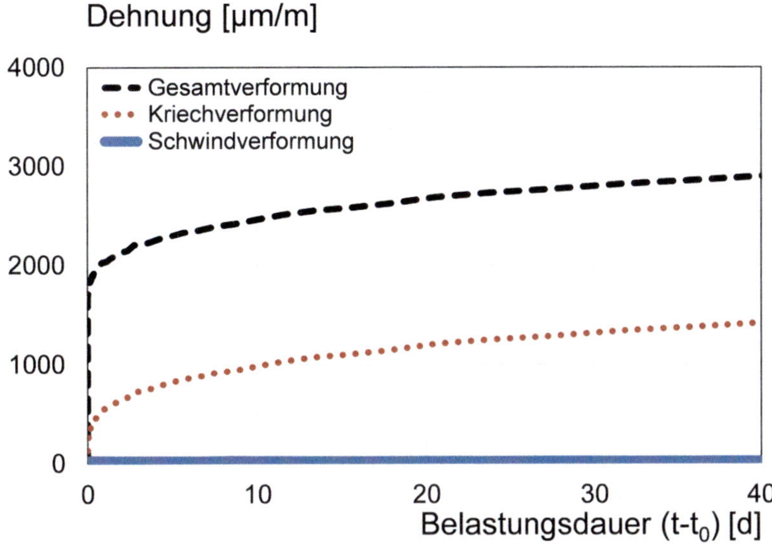

Bild 73: Gesamt-, Kriech- und Schwinddehnungsverlauf der Proben C80_4 bis C80_7 bei Raumtemperatur

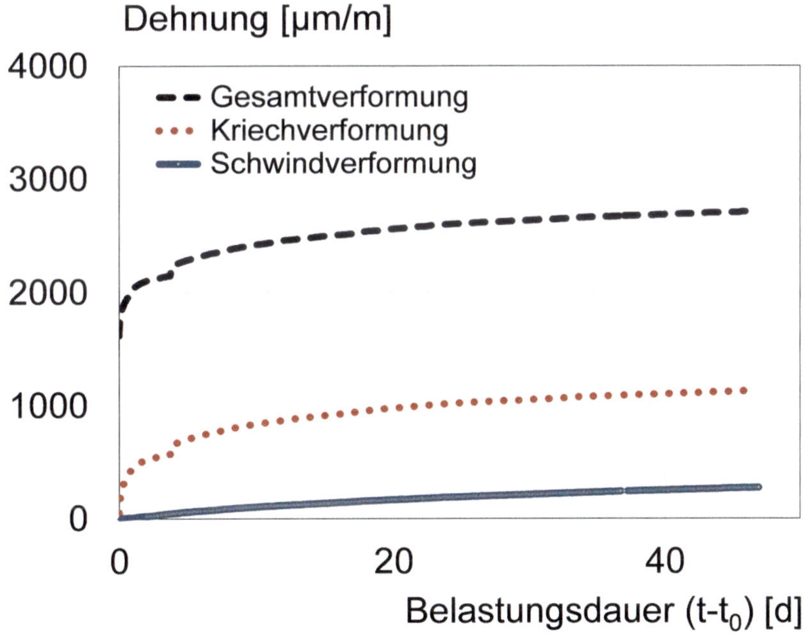

Bild 74: Gesamt-, Kriech- und Schwinddehnungsverlauf der Proben Nr. C80_C3_8 bis C80_C3_11 bei ca. +70 °C

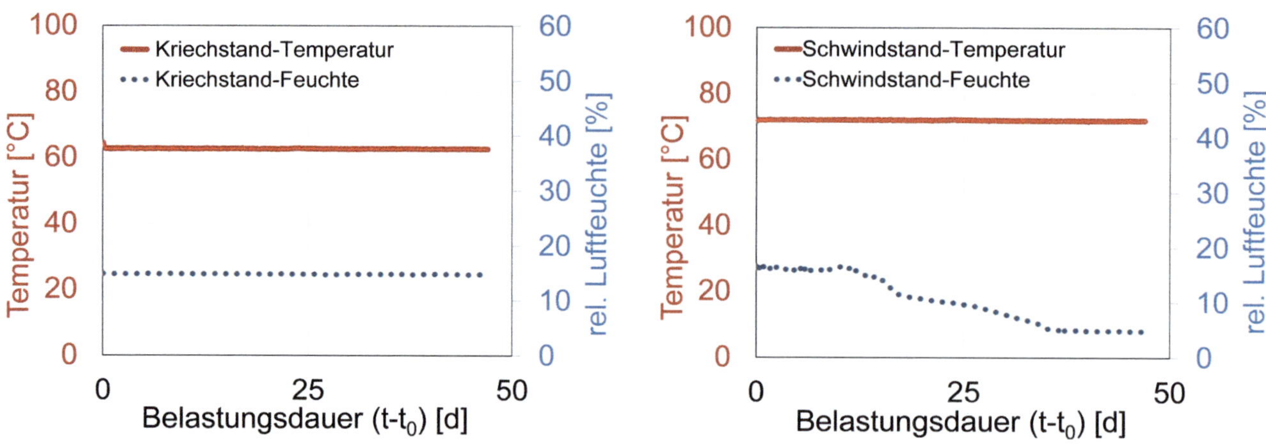

Bild 75: Temperatur- und rel. Luftfeuchteverlauf während des Kriechversuchs der Proben Nr. C80_C3_8 und C80_C3_9 bei ca. +70 °C

Bild 76: Temperatur- und rel. Luftfeuchteverlauf während des Schwindversuchs der Proben Nr. C80_C3_10 und C80_C3_11 bei ca. +70 °C

6.2.3 Statische Dauerstandversuche mit Proben der Betonfestigkeitsklasse C120

Die Ergebnisse der Kriech- und Schwinduntersuchungen mit Zylinderproben d/h = 100 mm/200 mm der Betonfestigkeitsklasse C120 sind der Tabelle 41 zu entnehmen.

Tabelle 41: Kriechversuche an Zylinderproben mit der Betonfestigkeitsklasse C120

Probennummer	Versuchs-art	Umgebungs-temperatur	Proben-alter	f_c	E-Modul vor Versuch[1]	$S_{max} = \sigma_{max}/f_c$	Laufzeit	Zustand nach dem Versuch
–	–	°C	d	N/mm²	N/mm²	–	d	–
1	2	3	4	5	6	7	8	9
C120_6	Schwinden	ca. 20 (Klimaraum)	279	143,7	-	-	>24	-
C120_7								
C120_4	Kriechen				55502	0,75		kein Bruch
C120_5								
C120_C3_9	Schwinden	ca. 70	1068	109,9[2]	-	-	>24	-
C120_ C3_10								
C120_ C3_12	Kriechen				59490	0,75		kein Bruch
C120_ C3_13								

[1] Ermittlung des Sekanten-E-Moduls aus dem Belastungsast des Kriechversuchs

[2] Gemäß *fib* Model Code 2010, Gl. 5.1-87a: f_{cm} (T) = f_{cm} (1,06-0,003·T) = 129,3 · 0,8 / Faktor 0,8 durch Ermittlung der Druckfestigkeit an der Probe C120_C3_7 bei ca. +67 °C bestätigt (vgl. Anhang B)

Die Auswertung der Schwind- und Kriechuntersuchungen bei Raumtemperatur und bei einer Umgebungstemperatur von ca. +70 °C sind den folgenden Bildern 77 bis 80 zu entnehmen.

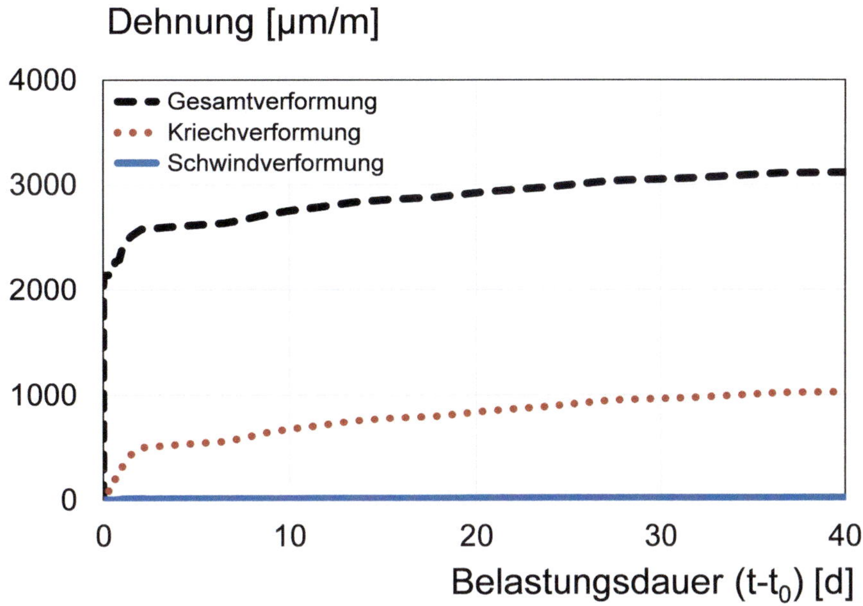

Bild 77: Gesamt-, Kriech- und Schwinddehnungsverlauf der Proben C120_4 bis C120_7 bei Raumtemperatur

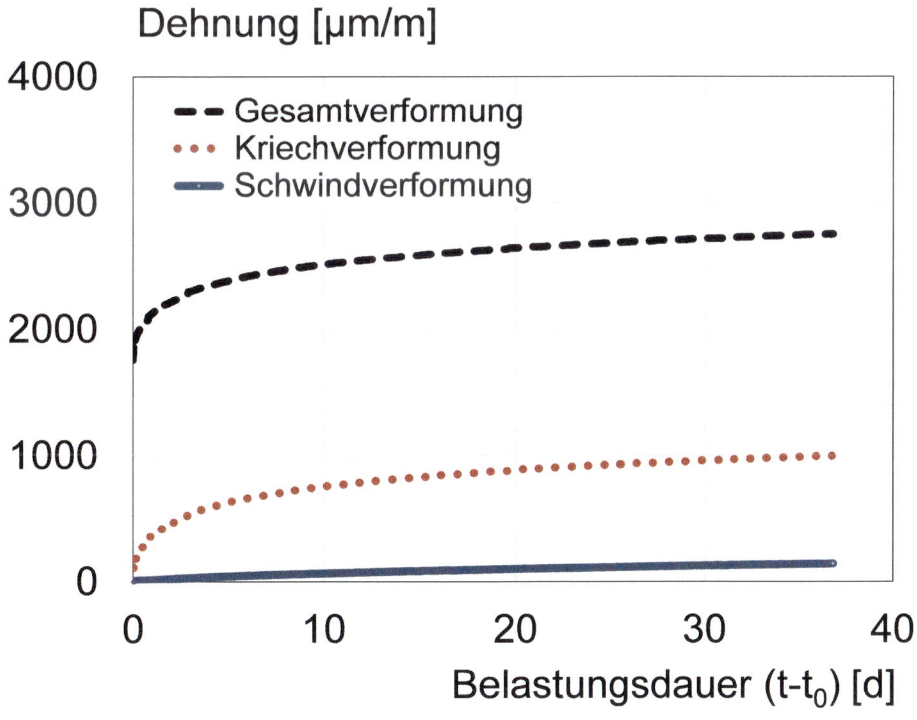

Bild 78: Gesamt-, Kriech- und Schwinddehnungsverlauf der Proben Nr. C120_C3_9 bis C120_C3_13 bei ca. +70 °C

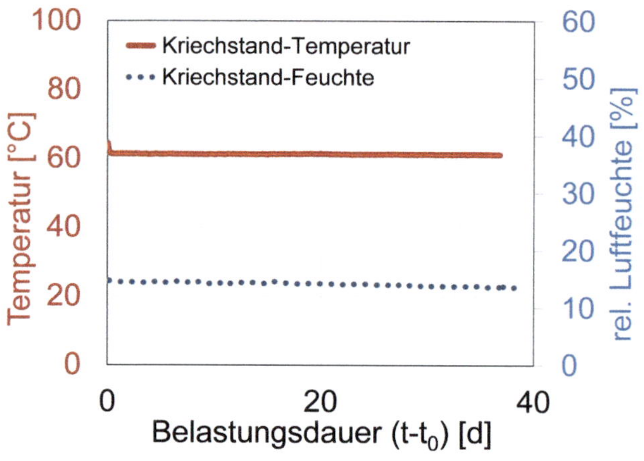

Bild 79: Temperatur- und rel. Luftfeuchteverlauf während des Kriechversuchs der Proben Nr. C120_C3_12 und C120_C3_13 bei ca. +70 °C (vermutlicher Defekt im Temperatursensor - die Temperatur eines weiteren externen Messmittels zeigte im Mittel eine Kammertemperatur von ca. +70 °C)

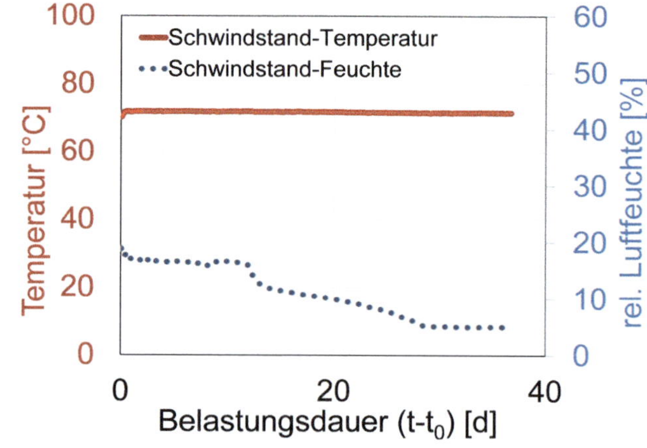

Bild 80: Temperatur- und rel. Luftfeuchteverlauf während des Schwindversuchs der Proben Nr. C120_C3_9 und C120_C3_10 bei ca. +70 °C

7 Ergebnisse in Bezug auf die Ermüdungsfestigkeit von Beton unter sehr hohen Lastwechselzahlen $N \geq 10^7$

Die im Rahmen des Arbeitspakets 1.4 ermittelten Versuchsergebnisse im VHCF-Bereich verdeutlichen, dass ein Versagen der Probeköper bei den in der Antragsstellung und im Verbundforschungsprojekt definierten Spannungsniveaus und Beanspruchungsfrequenzen (vgl. Tabelle 3) eine Ausnahme darstellt. Ist bei der Betonfestigkeitsklasse C120 bei einer Beanspruchungsfrequenz von ca. 130 Hz vereinzelt ein Versagen unter der Ermüdungsbeanspruchung aufgetreten, so waren die Betonproben der Betonfestigkeitsklasse C80 ausschließlich Durchläufer. Bei der Betonfestigkeitsklasse C40 trat das Versagen eines Probeköpers unter einer Beanspruchungsfrequenz von $f \approx 65$ Hz auf.

Zur graphischen Veranschaulichung der im Rahmen der VHCF-Versuche erhaltenen Ergebnisse sind diese in den Bildern 81 bis 86 den Wöhlerlinien des aktuellen *fib* Model Codes 2010 gegenübergestellt.

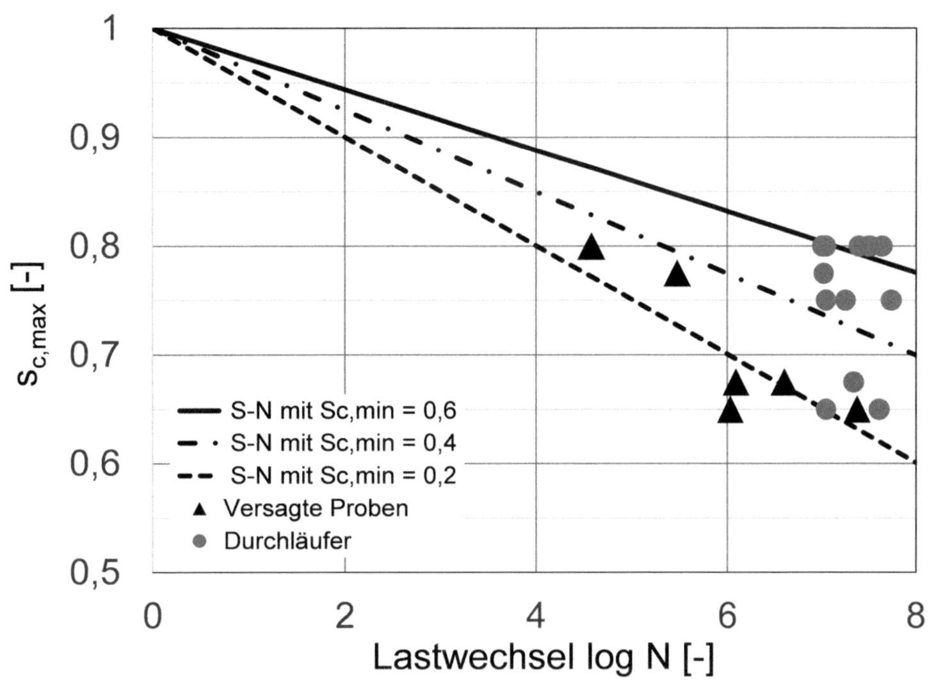

Bild 81: Ergebnisse der VHCF-Versuche der Betonfestigkeitsklasse C120 mit einer Belastungsfrequenz von f ≈ 130 Hz

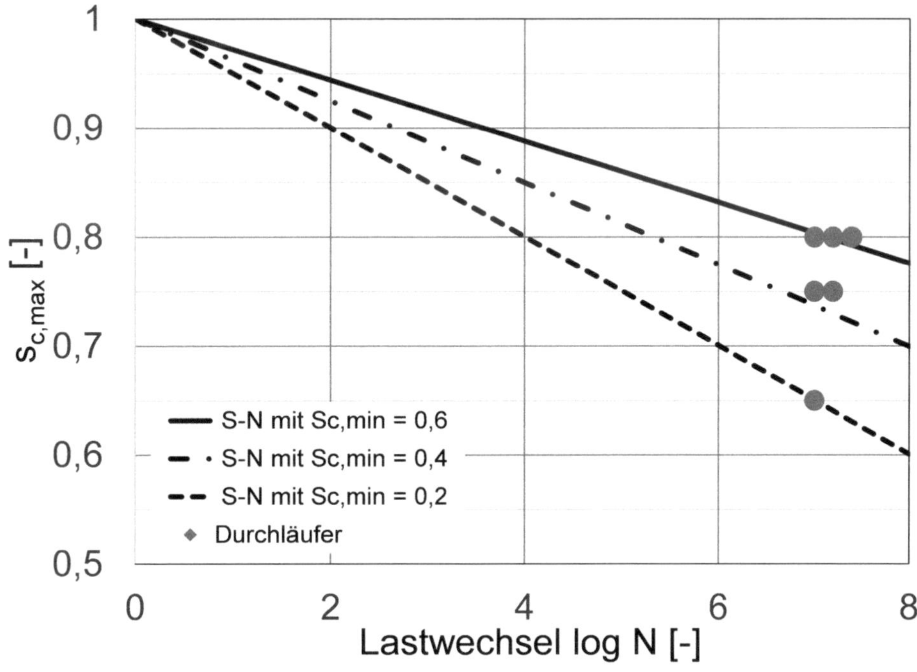

Bild 82: Ergebnisse der VHCF-Versuche der Betonfestigkeitsklasse C120 mit einer Belastungsfrequenz von f ≈ 65 Hz

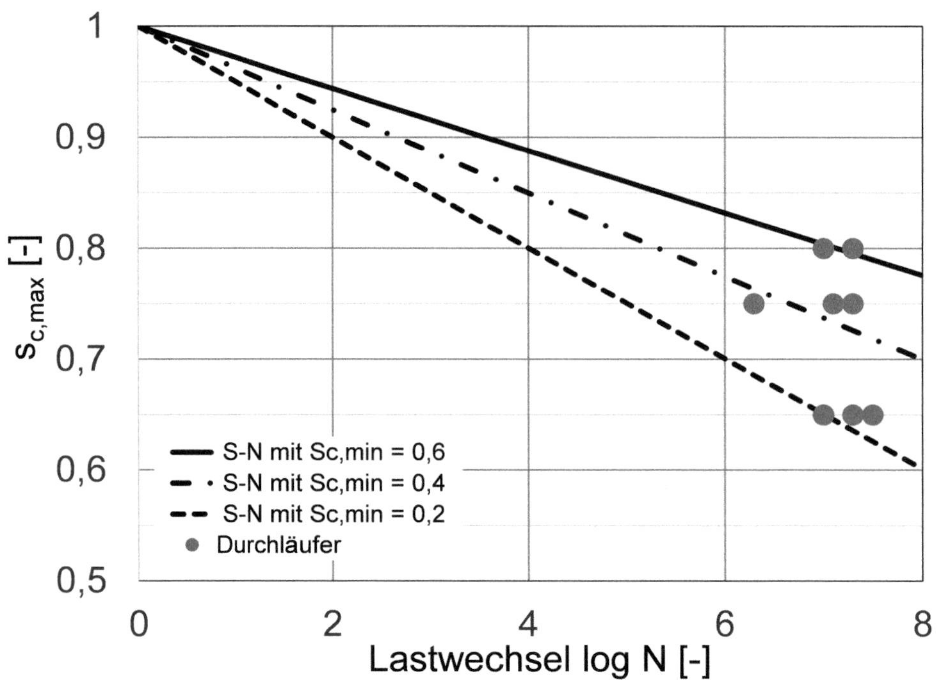

Bild 83: Ergebnisse der VHCF-Versuche der Betonfestigkeitsklasse C80 mit einer Belastungsfrequenz von f ≈ 130 Hz

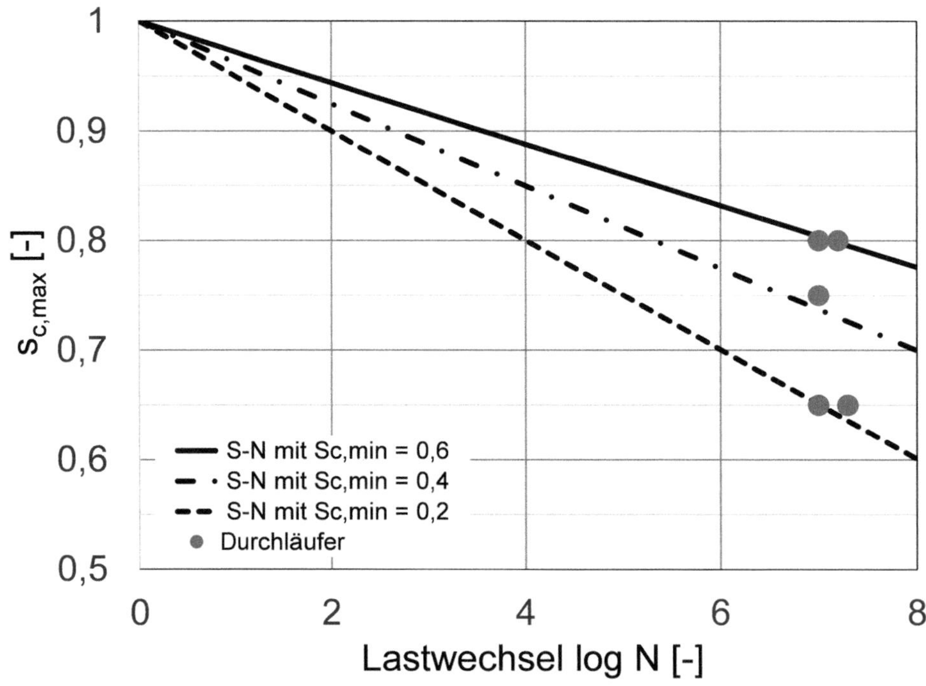

Bild 84: Ergebnisse der VHCF-Versuche der Betonfestigkeitsklasse C80 mit einer Belastungsfrequenz von f ≈ 65 Hz

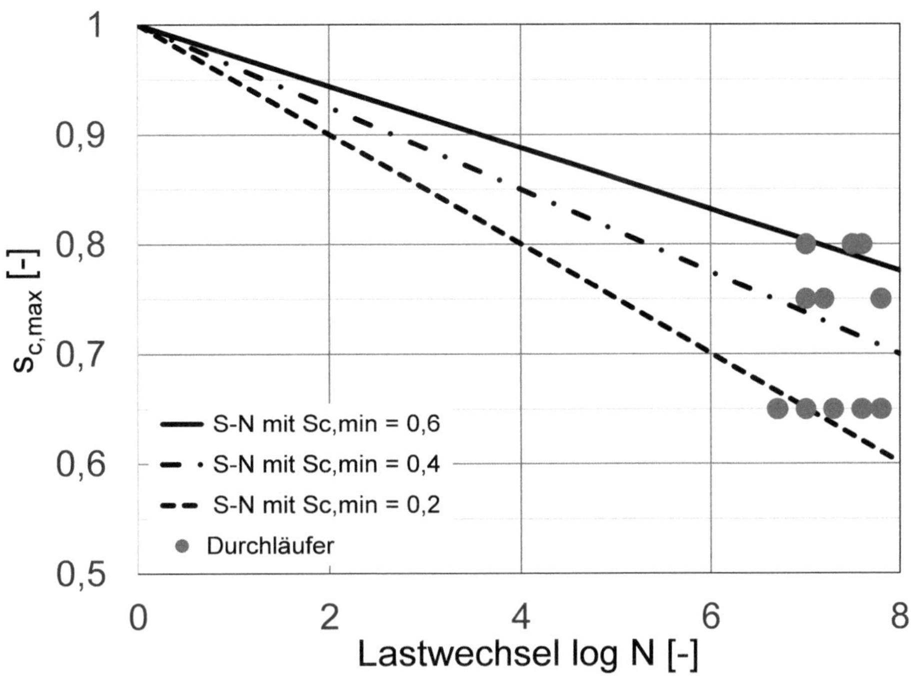

Bild 85: Ergebnisse der VHCF-Versuche der Betonfestigkeitsklasse C40 mit einer Belastungsfrequenz von f ≈ 130 Hz

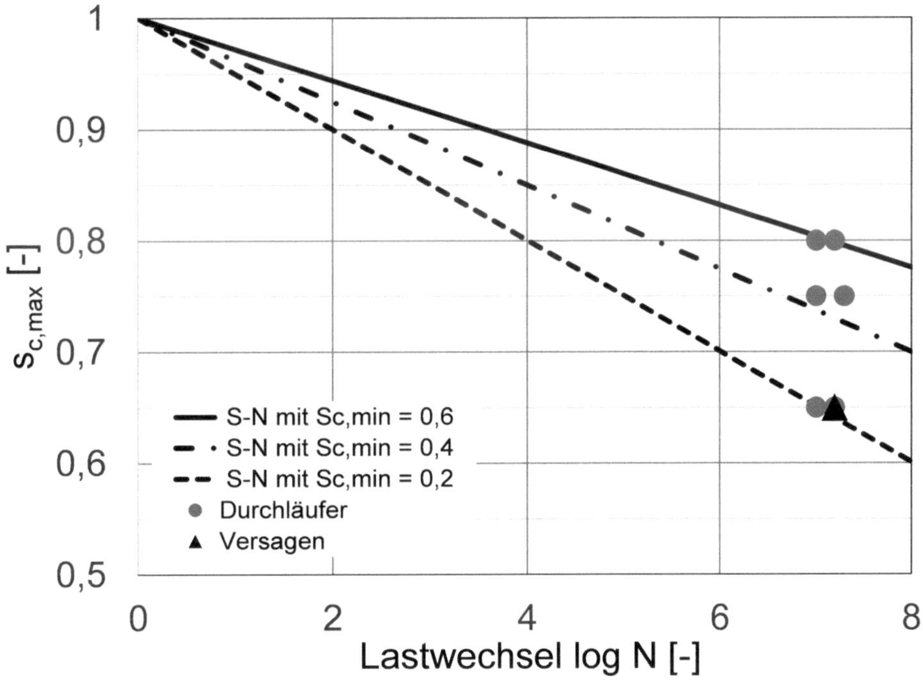

Bild 86: Ergebnisse der VHCF-Versuche der Betonfestigkeitsklasse C40 mit einer Belastungsfrequenz von f ≈ 65 Hz

Die Versuchsergebnisse verdeutlichen, dass unter den festgelegten Beanspruchungen bei den Beanspruchungsfrequenzen von ca. f = 65 Hz und f = 130 Hz die ertragbaren Lastwechselzahlen zum Großteil deutlich höher sind, als die Lastwechselzahlen, die den aktuellen Wöhlerlinien des *fib* Model Code 2010 entsprechen. Aufgrund der großen Anzahl an Durchläufern kann eine konkretere Aussage zur Einschätzung der tatsächlichen Ermüdungsfestigkeit auf Basis der hier angesetzten Spannungsniveaus jedoch nicht abgeleitet werden.

8 Erkenntnisse aus den Ermüdungsuntersuchungen

8.1 Temperaturentwicklung im Rahmen der VHCF-Versuche

Die bisherigen sehr eingeschränkten Kenntnisse zum Ermüdungsverhalten von Beton im VHCF-Bereich waren die wesentliche Grundlage dafür, sich im Rahmen dieses Teilvorhabens dezidiert der hochzyklischen Beanspruchungen von Betonzylindern zu widmen. Neben der Messung der Dehnungen war dabei die Erfassung der Oberflächentemperatur der Betonproben von essentieller Bedeutung. Diese wurde jeweils in halber Probenhöhe über einen Infrarotsensor erfasst. Die im Abschnitt 7 zusammengestellten Ergebnisse zeigen prinzipiell, dass die verwendete Probengeometrie d/h = 28 mm/56 mm mit einem Größtkorndurchmesser von 8 mm unter Verwendung eines Hochfrequenzpulsators mit spezifisch angepassten schwingfähigen Adaptionen für die Umsetzung von hochfrequenten Druckschwelluntersuchungen geeignet ist.

Die erfassten Oberflächentemperaturen zeigen, dass je nach Beanspruchungsbereich und Betonfestigkeitsklasse Probenerwärmungen ΔT im Bereich von ca. 0,1 K bis maximal ca. 19 K innerhalb der Ermüdungsversuche resultieren. Die gemessenen absoluten Oberflächentemperaturen in halber Probenhöhe lagen maximal bei ca. +35 °C. Zur direkten Gegenüberstellung sind die ertragenen Lastwechselzahlen N über der ermittelten Oberflächenerwärmung der Proben in den Bildern 87 bis 92 dargestellt.

Es ist zu vermuten, dass die Temperaturerhöhung resultierend aus der hochzyklischen Beanspruchung mit bis zu f =130 Hz bei dieser spezifischen Probengeometrie keinen übergeordneten Einfluss auf das Ermüdungsverhalten der Betonproben hat. Dies lässt sich vor allem in den sich zumeist einstellenden plateauförmigen Temperaturverläufen in Phase II verdeutlichen, aus denen sich ein Bereich mit nahezu stationärem Temperaturzustand ableiten lässt. In /23/ wurde dieses Verhalten bewusst für die Entwicklung einer Prüfmethodik genutzt, um maximal zulässige Beanspruchungsfrequenzen abschätzen zu können. Hierbei wurde eine Frequenzsteigerung erst dann vorgenommen, als der Temperaturanstieg (Steigung des Probentemperaturverlaufs) einen minimalen Wert angenommen hatte und damit kein dominierender Temperatureinfluss auf das Ermüdungsverhalten mehr zu vermuten war. Gemäß /27/ hat eine Erhöhung der äußeren Betontemperatur um 15 K auf der Probenoberfläche und 20 K im Probeninneren nur einen sehr schwachen Einfluss auf die Bruchlastwechselzahlen und ist in Ermüdungsuntersuchungen tolerierbar. Als Bezugstemperatur wird dabei eine vorherrschende Labortemperatur von 20 °C vorausgesetzt.

Dennoch ist zweifelsohne zu berücksichtigen, dass die Probenerwärmung einer Betonprobe grundsätzlich Einfluss auf deren statische Betondruckfestigkeit hat. Im *fib* Model Code 2010 /3/ ist eine direkte Beziehung zwischen der Temperatur und der Betonfestigkeit hinterlegt. Daher ist die Probentemperatur eine wichtige Kenngröße, die es auch innerhalb zukünftiger Ermüdungsuntersuchungen zu messen und bei der Auswertung zwingend mit zu berücksichtigen gilt (vgl. auch /25/).

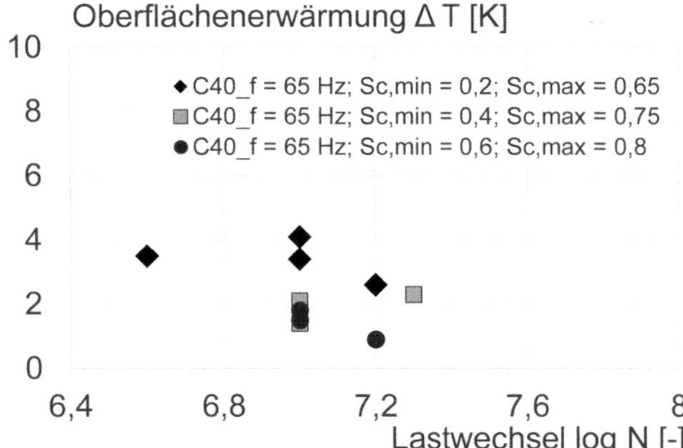

Bild 87: Max. Probenerwärmung der Betonzylinder C40 bei einer Beanspruchungsfrequenz f ≈ 65 Hz

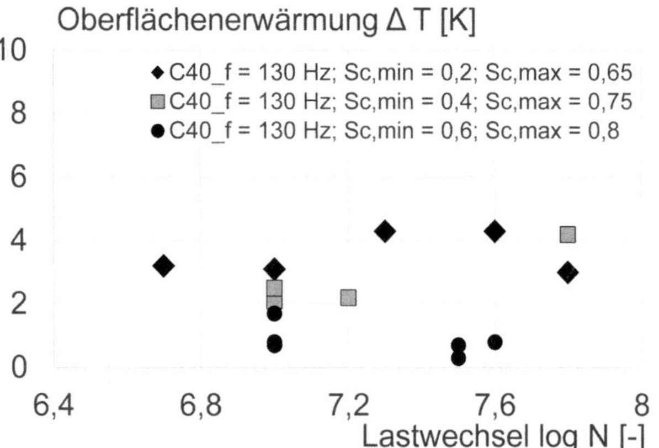

Bild 88: Max. Probenerwärmung der Betonzylinder C40 bei einer Beanspruchungsfrequenz f ≈ 130 Hz

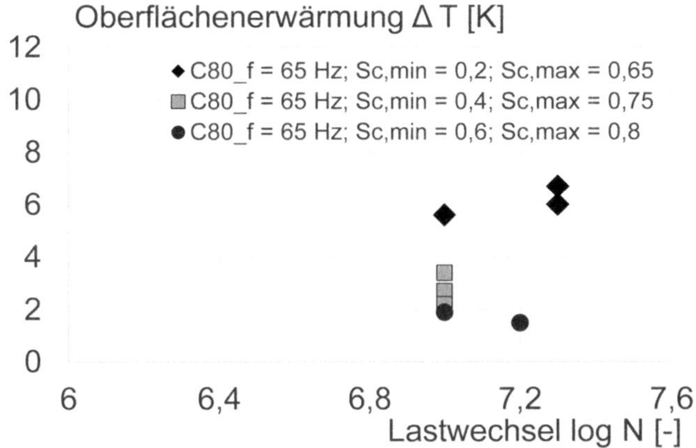

Bild 89: Max. Probenerwärmung der Betonzylinder C80 bei einer Beanspruchungsfrequenz f ≈ 65 Hz

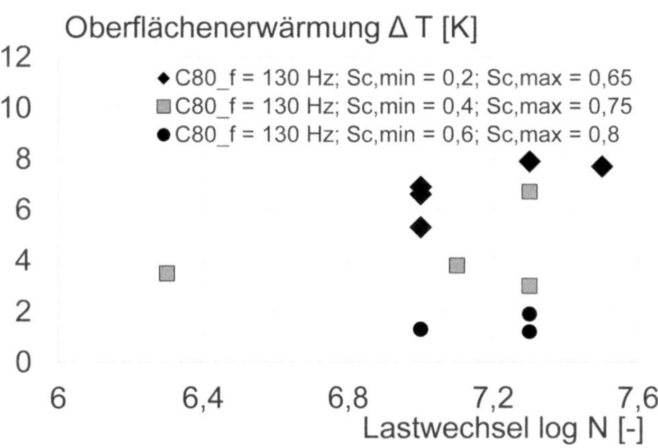

Bild 90: Max. Probenerwärmung der Betonzylinder C80 bei einer Beanspruchungsfrequenz f ≈ 130 Hz

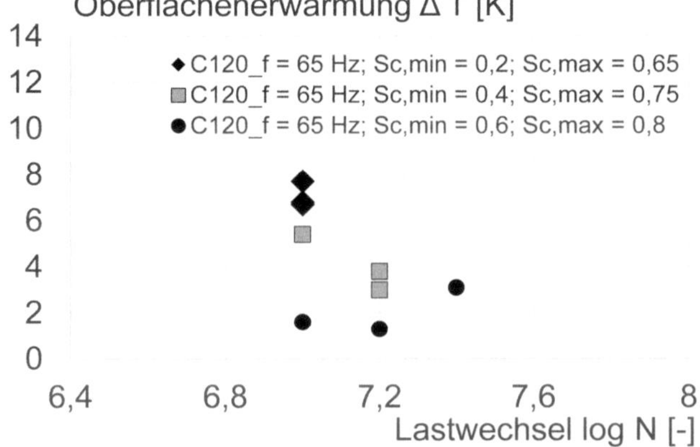

Bild 91: Max. Probenerwärmung der Betonzylinder C120 bei einer Beanspruchungsfrequenz f ≈ 65 Hz

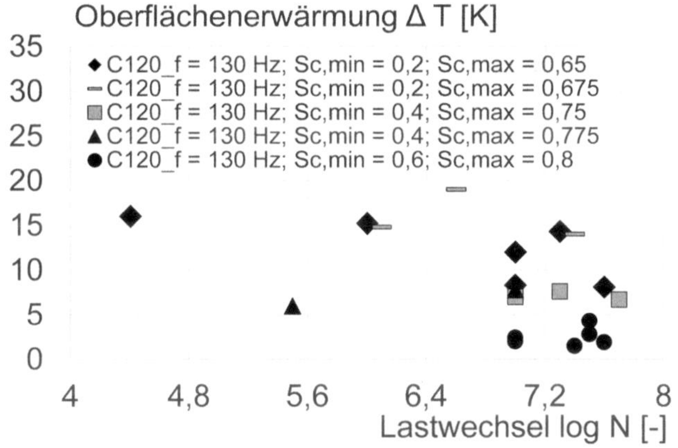

Bild 92: Max. Probenerwärmung der Betonzylinder C120 bei einer Beanspruchungsfrequenz f ≈ 130 Hz

Aus den Untersuchungsergebnissen lassen sich die folgenden Auffälligkeiten hervorheben:

- Je höher die Betonfestigkeit, desto größer ist die gemessene maximale Probenerwärmung in den Druckschwellversuchen.
- Bei der Betonfestigkeitsklasse C120 wurden beim Eintritt eines Bruchversagens deutlich höhere Probenerwärmungen gemessen als bei den Durchläufern (vgl. /4/).
- Je höher die Spannungsschwingbreite, desto höher ist die maximale Oberflächenerwärmung in mittlerer Probenhöhe.
- Bei den Proben der Betonfestigkeitsklassen C40 und C80 unterscheidet sich die maximale Oberflächenerwärmung, die unter einer Belastungsfrequenz von f ≈ 65 Hz und f ≈ 130 Hz resultieren, in einem geringen Maße.
- Bei Proben der Betonfestigkeitsklasse C120 sind die gemessene maximale Probenerwärmung unter einer Beanspruchungsfrequenz von f ≈ 130 Hz nahezu doppelt so hoch wie bei einer Beanspruchungsfrequenz von f ≈ 65 Hz.

- Die Oberflächentemperatur bei der Spannungsschwingbreite $S_{c,min}$ = 0,6 bis $S_{c,max}$ = 0,8 zeigt unabhängig von der Betonfestigkeitsklasse der Proben einen Anstieg zwischen ΔT = 1 K bis 2 K.
- Ein Zusammenhang zwischen der Lastwechselzahl log N und der Oberflächenerwärmung in mittlerer Probenhöhe ist nicht zu erkennen. Hierbei ist jedoch zu betonen, dass die Lastwechselzahlen in einem Großteil der Versuche keine Bruchlastwechselzahlen darstellen, da kein Versagen unter der Ermüdungsbeanspruchung eingetreten ist (Durchläufer).

Die Versuchsergebnisse der im Rahmen der Ermüdungsuntersuchungen versagten Proben zeigen, dass kurz vor dem Eintritt des Versagens ein Anstieg der Oberflächentemperatur zu verzeichnen ist. Dies konnte für die Betonfestigkeit C40 bei einer Beanspruchungsfrequenz von f ≈ 65 Hz an der Probe Nr. C40_VHCF_C2_10 sowie bei den versagten Proben der Betonfestigkeitsklasse C120 festgestellt werden. Ein deutlicher Anstieg der Oberflächentemperatur innerhalb eines Ermüdungsversuchs scheint damit ebenso wie eine ausgeprägte Dehnungszunahme ein Indikator für ein nahendes Probenversagen unter Druckschwellbeanspruchung zu sein.

8.2 Einfluss der Belastungsfrequenz in den VHCF-Versuchen

Um Erkenntnisse über den Beton in sehr hohen Lastwechselbereichen zu erhalten, ist es erforderlich, Proben mit hohen Beanspruchungsfrequenzen zu belasten, um den Versuchszeitraum zeitlich reduzieren zu können. Demgegenüber ist zu berücksichtigen, dass zyklisch beanspruchte Bauwerke real zumeist jedoch nur niederfrequenten zyklischen Einwirkungen ausgesetzt sind. Dies trifft auch für Windenergieanlagen zu. Daher ist der Einfluss der Belastungsfrequenz von Beton in Ermüdungsuntersuchungen gezielt zu hinterfragen, um das Verhalten unter sehr hohen Lastwechselzahlen besser einschätzen, bewerten und zukünftig auf reale Einwirkungsbedingungen beziehen zu können.

Untersuchungen im VHCF-Bereich bedingen somit hohe Beanspruchungsfrequenzen, die neben einem zyklischen Dehnungsanteil, temperaturbedingte aber auch zeitabhängige (viskose) Dehnungsanteile durch einen konstant wirkenden Lastanteil unter Druckschwellbelastungen aufweisen. Es gilt daher die verschiedenen Dehnungsanteile in VHCF-Versuchen dezidiert zu ermitteln.

In den Untersuchungsergebnissen von von der Haar /9/ werden die Dehnungsanteile unter Ermüdungsbeanspruchung im HCF-Bereich neben einem elastischen und temperaturbedingten Dehnungsanteil auch in einen schädigungsinduzierten und viskosen Dehnungsteil separiert. Der schädigungsinduzierte Verformungsanteil resultiert dabei aus dem zyklischen Beanspruchungsverlauf und der viskose Verformungsanteil aus dem Kriechverhalten des Betons unter dauerhafter Druckbeanspruchung. In /9/ werden den elastischen und schädigungsinduzierten Dehnungsanteilen beim Ermüdungsverhalten von Beton eine vorrangige Bedeutung zugeschrieben

Bei der Gegenüberstellung der Ergebnisse der HCF- und VHCF-Versuche (vgl. Abschnitt 4 und 5) in Bezug auf die Belastungsfrequenz ist zu beachten, dass zwei verschiedene Probengeometrien untersucht wurden. Die Probenzylinder d/h = 100 mm/200 mm wurden niederfrequent beansprucht (f = 1 Hz bzw. f = 5 Hz), die kleinformatigen Probeköper d/h = 28 mm/56 mm wurden hingegen mit einer Beanspruchungsfrequenz von ca. 65 Hz bzw. ca. 130 Hz beansprucht. Daher ist eine eindeutige Separierung zwischen dem Einfluss der Belastungsfrequenz und der Probegeometrie unter den im Forschungsvorhaben benannten Randbedingungen nicht möglich.

Ein deutlicher Einfluss der Belastungsfrequenz auf die Probenerwärmung konnte ausschließlich bei einer Belastungsfrequenz von f ≈ 65 Hz und f ≈ 130 Hz bei den Betonproben der Betonfestigkeitsklasse C120 beobachtet werden. Hierbei fällt auf, dass mit der Verdopplung der Beanspruchungsfrequenz ungefähr eine Verdopplung der maximal gemessenen Oberflächenerwärmung resultiert. Bei den niederfesteren Betonen C40 und C80 ist ein derartiger Zusammenhang zwischen der Belastungsfrequenz und der Probenerwärmung nicht zu erkennen.

In zurückliegenden HCF-Versuchen konnte u.a. von Oneschkow /8/ und Schneider et al. /16/ beobachtet werden, dass mit steigender Frequenz die Bruchlastspielzahlen zunehmen. Hohberg /10/ stellte im Rahmen seiner Untersuchungen ergänzend fest, dass ein oberspannungsabhängiger Einfluss der Beanspruchungsfrequenz zu bestehen scheint. Die Bruchlastspielzahl nahm im Rahmen seiner durchgeführten HCF-Versuche bei einer Beanspruchung von $S_{c,max}$ = 0,75 mit kleiner werdenden Beanspruchungsfrequenz ab und die Versagensdehnung zu. Bei geringeren bezogenen Oberspannungen kehrte sich der Einfluss der Frequenz jedoch um.

Reinhardt et al. /28/ konnten zudem zeigen, dass bei einer konstanten bezogenen Oberlast von 0,875 bei einer Frequenz von 0,175 Hz deutlich kleinere Bruchlastwechselzahlen auftreten als bei einer höheren Frequenz. Allerdings wird darauf hingewiesen, dass dieser Einfluss nicht konstant und von der Schwingbreite abhängig ist. Aktuelle Forschungsarbeiten wie z.B. von Schneider /27/ betrachten insbesondere den Frequenzeinfluss auf den Ermüdungswiderstand von Beton. Grundsätzlich ist zu betonen, dass sich die bisherigen Erkenntnisse zum Frequenzeinfluss ausschließlich auf Ermüdungsuntersuchungen im HCF-Bereich beziehen.

Die hier erstmals erhaltenen Ergebnisse im VHCF-Bereich erlauben aufgrund der zumeist nicht versagten Proben keinen Bezug auf Bruchlastwechselzahlen. Die Versuchsergebnisse ermöglichen jedoch erste Charakteristika zu dem Ermüdungsverhalten von Beton unterschiedlicher Festigkeitsklassen unter sehr hohen Lastwechselzahlen im Druckschwellbereich abzuschätzen.

Der mögliche Einfluss der Beanspruchungsfrequenz in Bezug auf die logarithmierte Steigung in Phase II in Abhängigkeit der jeweiligen Betonfestigkeitsklasse wird im Folgenden betrachtet. In den Bildern 93 bis 95 sind die logarithmierten Dehnungsanstiege unter Oberlast log $\dot{\varepsilon}_{sec,max}$ den Lastwechselzahlen unter Angabe der Belastungsfrequenz und Nennung des jeweiligen bezogenen Unter- und Oberspannungsniveaus ($S_{c,min}$ bzw. $S_{c,max}$) gegenübergestellt. Für die beiden umgesetzten Belastungsfrequenzen zeigen sich prinzipiell andere Ausprägungen der Dehnungsanstiege in Phase II unter Oberlast log $\dot{\varepsilon}_{sec,max}$.

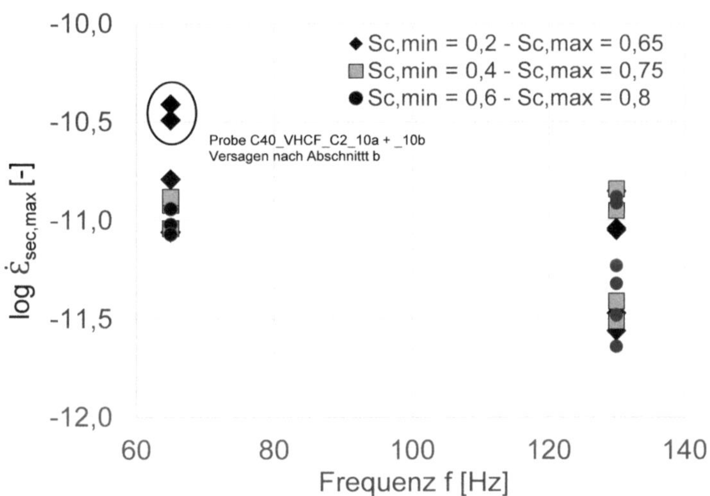

Bild 93: Logarithmierte Dehnungsanstiege unter $S_{c,max}$ an Betonproben C40 in den VHCF-Versuchen

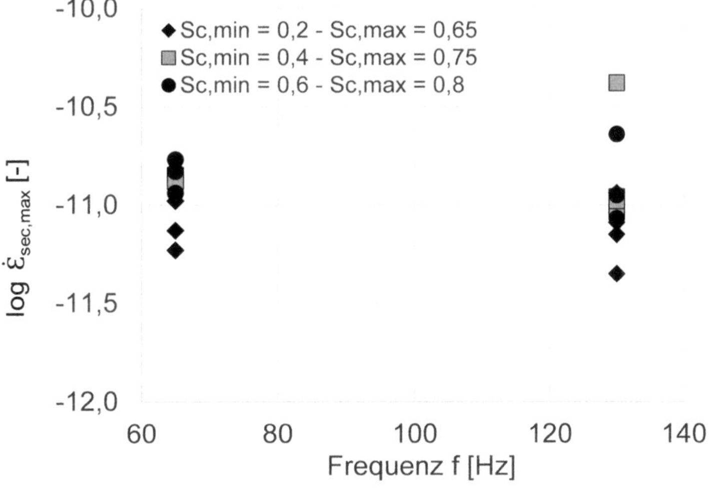

Bild 94: Logarithmierte Dehnungsanstiege unter $S_{c,max}$ an Betonproben C80 in den VHCF-Versuchen

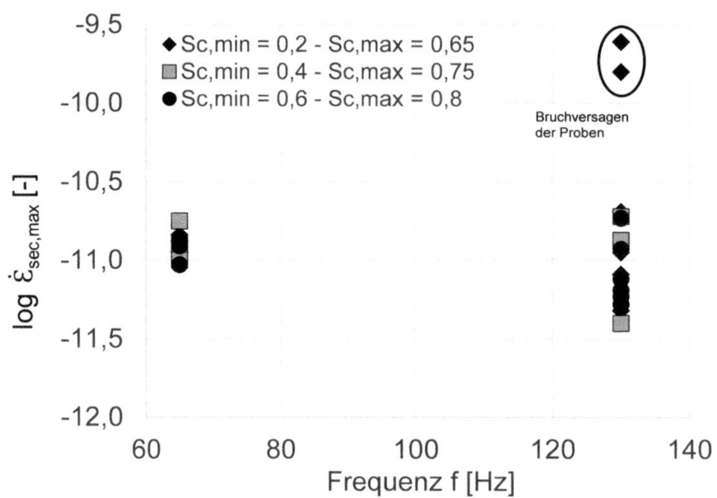

Bild 95: Logarithmierte Dehnungsanstiege unter $S_{c,max}$ an Betonproben C120 in den VHCF-Versuchen

Die Versuchsergebnisse verdeutlichen in Bezug auf die Belastungsfrequenz, dass der logarithmierte Anstieg der Dehnung unter Oberlast bei der Betonfestigkeitsklasse C40 unter einer Beanspruchungsfrequenz von ca. 65 Hz in einem Bereich zwischen log $\dot{\varepsilon}_{sec,max}$ = -10,4 und ca. log $\dot{\varepsilon}_{sec,max}$ = -11,1 liegt. Die beiden Versuchsergebnisse bei ca. -10,4 entstammen der Probe C40_VHCF_10, die nach dem zweiten Belastungsvorgang ein Bruchversagen zeigte. Im Vergleich zu den anderen Dehnungsanstiegen verdeutlicht sich ein größerer Dehnungsanstieg kurz vor Eintritt des Bruchversagens. Bei einer Belastungsfrequenz von ca. 130 Hz zeigt sich mit Werten zwischen ca. -10,8 und -11,7 eine größere Streubreite in Bezug auf die festgelegten Beanspruchungsbereiche.

Bei der Betonfestigkeitsklasse C80 liegen die Dehnungsanstiege in Phase II unter einer Beanspruchungsfrequenz von ca. 65 Hz in einem Bereich zwischen log $\dot{\varepsilon}_{sec,max}$ = -10,7 und ca. log $\dot{\varepsilon}_{sec,max}$ = -11,4. Bei einer Belastungsfrequenz von ca. 130 Hz zeigt sich eine größere Streubreite der Dehnungsanstiege in Phase II mit Werten zwischen -10,4 und -11,4.

Die Versuchsergebnisse mit den Betonzylinderproben der Betonfestigkeitsklasse C120 verdeutlichen im Vergleich zu den vorherigen Ergebnissen, dass die logarithmierten Dehnungsanstiege in Phase II an den nicht versagten Proben den geringsten Streubereich aufweisen. Bei der Belastungsfrequenz von 65 Hz waren ausschließlich Durchläufer zu verzeichnen, die unabhängig vom Belastungsniveau bzw. der Spannungsschwingbreite in einem Bereich zwischen ca. -10,8 und -11,1 liegen. Bei einer Steigerung der Beanspruchungsfrequenz auf ca. 130 Hz ist darüber hinaus eine größere Streubreite bei ausschließlicher Betrachtung der Durchläuferproben zu erkennen. Des Weiteren zeigt sich auch beim hochfesten Beton C120, wie bereits bei der Betonfestigkeitsklasse C40 bei einer Belastungsfrequenz von ca. 65 Hz festgestellt, dass Betonproben, die ein Bruchversagen im Ermüdungsversuch zeigen, mit höheren logarithmierten Dehnungsanstiegen in Phase II einhergehen. Der logarithmierte Dehnungsanstieg in Phase II zeigt sich somit als weiterer Indikator, um ein mögliches Ermüdungsversagen der Probe einschätzen zu können.

Prinzipiell ist bei allen drei Betonfestigkeitsklassen bei einer Belastungsfrequenz von ca. 130 Hz eine größere Streuung der Ergebnisse als bei einer Belastungsfrequenz von ca. 65 Hz zu erkennen. Zudem zeigen sich jeweils der größte Dehnungsanstieg in Phase II bei den Proben, die im Ermüdungsversuch versagten.

8.3 Einfluss der Probengeometrie

Zur Einschätzung des Einflusses der Probengeometrie wird in den Bildern 96 bis 98 für jede Betonfestigkeitsklasse der ermittelte logarithmierte Dehnungsanstieg in Phase II in Abhängigkeit vom Probenformat aufgeführt. Die Beanspruchung der Proben im HCF-Bereich und im VHCF-Bereich war dabei mit einer bezogenen Unterlast von $S_{c,min}$ = 0,4 und einer bezogenen Oberlast von $S_{c,max}$ = 0,75 einheitlich festgelegt. Die Ermüdungsversuche mit niederfrequenter Beanspruchung erfolgten dabei bis zu einer maximalen Lastwechselzahl von N = 2 × 10^6. Die Versuche im VHCF-Bereich mit Beanspruchungsfrequenzen von f = 65 Hz und f = 130 Hz zumeist mit Lastwechselzahlen N ≥ 10^7. Die jeweiligen Versuchslaufzeiten haben sich somit unterschieden und sind in Tabelle 42 zusammengestellt.

Tabelle 42: Prüfdauer in Abhängigkeit der gewählten Beanspruchungsfrequenz

Beanspruchungsfrequenz	Lastwechselzahl N	Prüfdauer
Hz	–	d
1	2	3
1	2 × 10^6	≈ 23,5
5	2 × 10^6	≈ 4,5
65	1 × 10^7	≈ 2,0
130	1 × 10^7	≈ 1,0

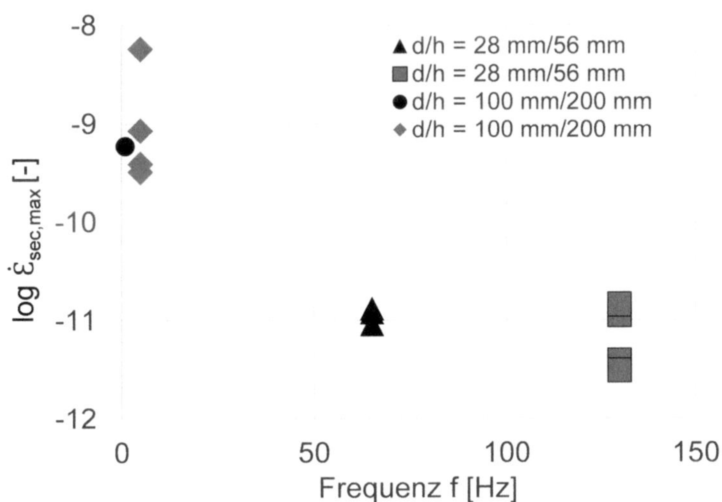

Bild 96: Logarithmierter Dehnungsanstieg unter $S_{c,max}$ der HCF- und VHCF-Versuche an Betonproben der Betonfestigkeitsklasse C40

Die Gegenüberstellung der Versuchsergebnisse der HCF- und VHCF-Versuche verdeutlicht, dass unter einer niederfrequenten Belastungsfrequenz der logarithmierte Dehungsanstieg in Phase II unter Oberlast bei allen drei Betonfestigkeitsklassen höher ist als in den hochfrequenten Druckschwellversuchen mit f ≥ 65 Hz. Des Weiteren ist zu erkennen, dass die die höchsten Werte des logarithmierten Dehnungsanstiegs bei den HCF-Versuchen der Betonfestigkeitsklassen C40 vorliegen und diese mit steigender Betonfestigkeit abnehmen. Die Ergebnisse der VHCF-Versuche zeigen hingegen keine derartige Tendenz und liegen bei beiden Beanspruchungsfrequenzen um einen mittleren Wert von ca. log $\dot{\varepsilon}_{sec,max}$ = -11,0.

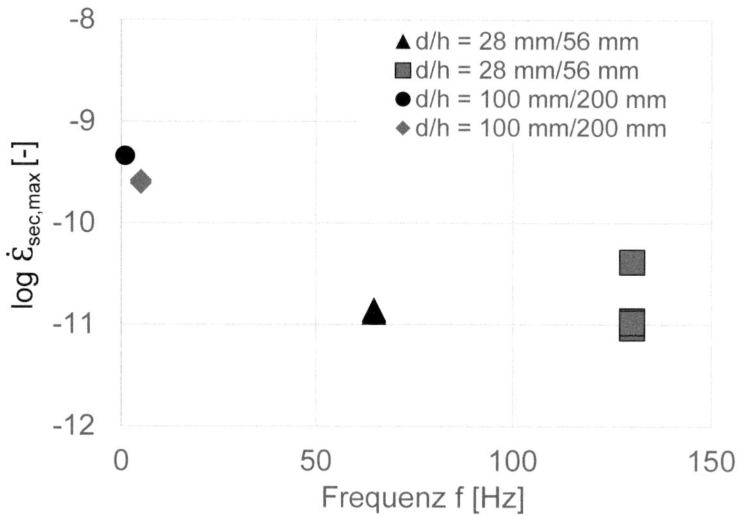

Bild 97: Logarithmierter Dehnungsanstieg unter $S_{c,max}$ der HCF- und VHCF-Versuche an Betonproben der Betonfestigkeitsklasse C80

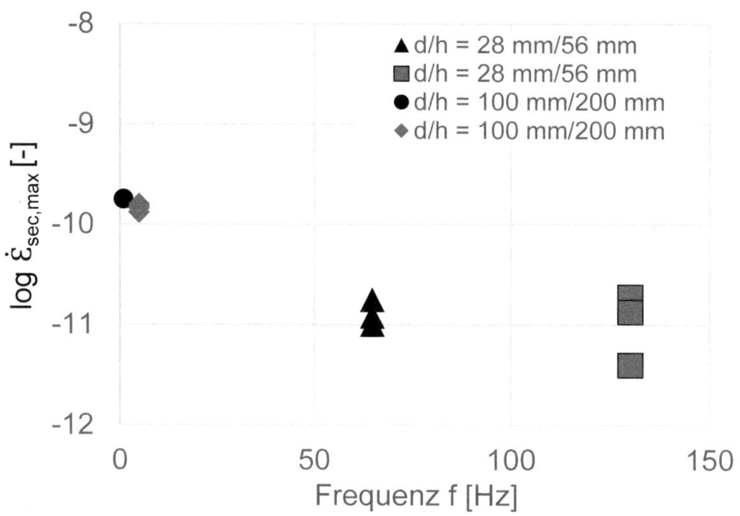

Bild 98: Logarithmierter Dehnungsanstieg unter $S_{c,max}$ der HCF- und VHCF-Versuche an Betonproben der Betonfestigkeitsklasse C120

Prinzipiell ist zu beachten, dass die Versuchsergebnisse durch mehrere mögliche Parameter beeinflusst sein können. Auf Basis der gewonnenen Erkenntnisse kann somit keine klare Separierung der einzelnen Prüfeinflüsse vorgenommen werden. Als vorrangige Einflussparamter, die sich gegenseitig beinflussen, sind

- die Beanspruchungsfrequenz
- der Einfluss der Versuch- bzw. Beanspruchungsdauer sowie
- das Probenformat

hervorzuheben. Zum weiteren notwendigen Erkenntnisgewinn des Ermüdungsverhaltens von Beton unterschiedlicher Festigkeitsklassen sind weitergehende Untersuchungen unter Berücksichtigung dieser Einflussparameter unabdingbar.

8.4 Dehnungsentwicklung unter statischer Dauerlast und innerhalb der Ermüdungsversuche im HCF-Bereich

Die Druckschwelluntersuchungen, bei denen neben einer zyklischen Beanspruchung ebenfalls ein bestimmter konstanter Druckbeanspruchungsanteil über den Prüfzeitraum einwirkt, wurden durch Kriechversuche an den drei Betonfestigkeitsklassen C40, C80 und C120 ergänzt. Diese Versuche vervollständigen die Untersuchungen, um das gesamte Spektrum des Last-Verformungsverhaltens erfassen und zyklisch sowie zeitabhängig bedingte Verformungsanteile einschätzen zu können. Das Spannungsniveau der Kriechversuche wurde mit 0,75 · f_c definiert und entspricht somit der innerhalb der HCF-Versuche angesetzten bezogenen Oberspannung $S_{c,max}$.

Die Dehnungsanteile der statischen Belastungsversuche (Kriechversuche) wird der Gesamtverformung der zyklischen Ermüdungsversuche gegenübergestellt und ist den Bildern 99 bis 101 in Abhängigkeit der Betonfestigkeitsklasse bei Raumtemperatur zu entnehmen. Hierfür wurden die Gesamtverformungen der HCF-Versuche nach ca. 4,5 Tagen (Beanspruchungsfrequenz der HCF-Versuche mit 5 Hz) und nach ca. 23,5 Tagen (Beanspruchungsfrequenz des HCF-Versuchs mit 1 Hz) aufgeführt.

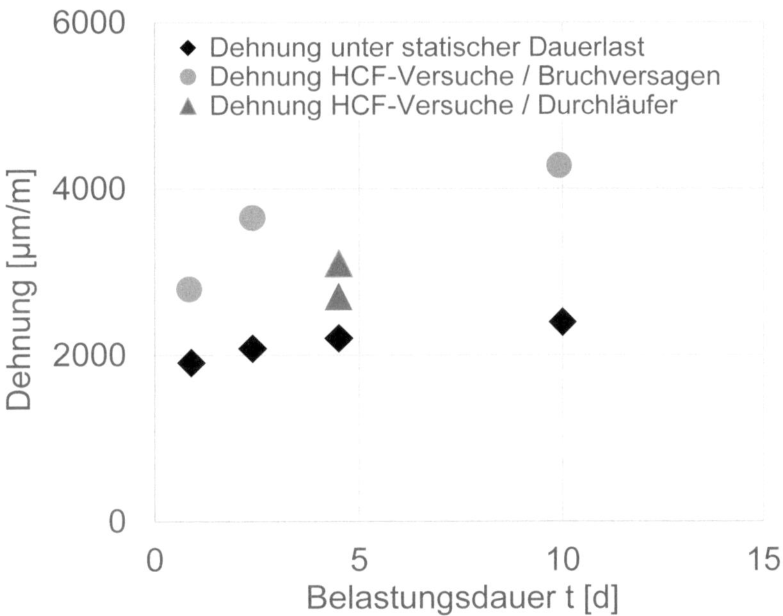

Bild 99: Gegenüberstellung der maximalen Dehnung in den Kriech- und HCF-Versuchen an Betonproben der Betonfestigkeitsklasse C40 bei Raumtemperatur

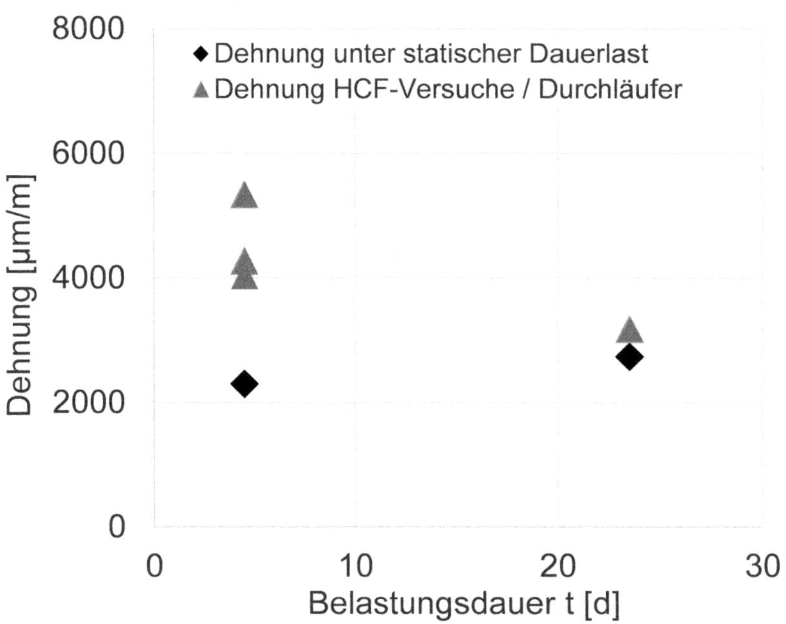

Bild 100: Gegenüberstellung der maximalen Dehnung in den Kriech- und HCF-Versuchen an Betonproben der Betonfestigkeitsklasse C80 bei Raumtemperatur

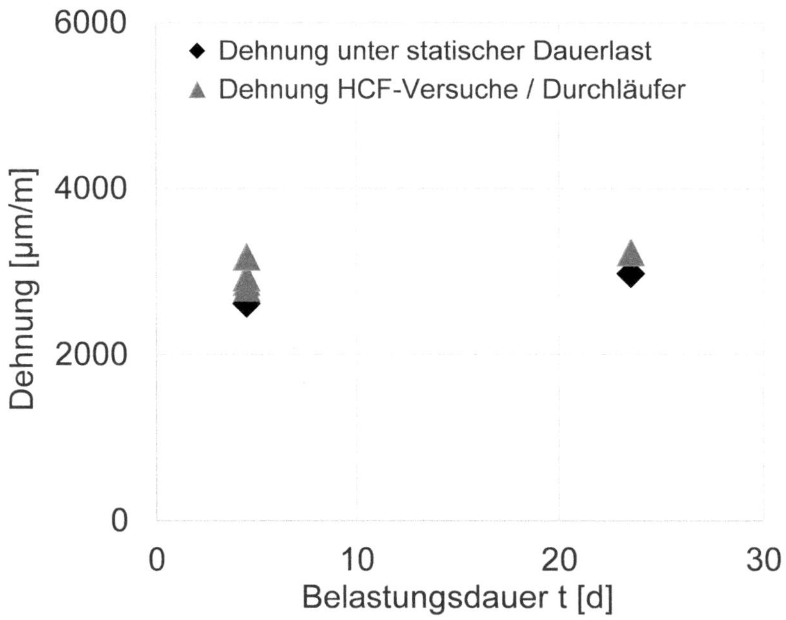

Bild 101: Gegenüberstellung der maximalen Dehnung in den Kriech- und HCF-Versuchen an Betonproben der Betonfestigkeitsklasse C120 bei Raumtemperatur

Die Bilder 99 bis 101 verdeutlichen, dass die Gesamtverformung unter statischer Beanspruchung für die drei Betone in einer ähnlichen Größenordnung liegt. Bei den Betonproben der Betonfestigkeitsklassen C80 und C120 ist in den HCF-Versuchen kein Bruchversagen aufgetreten, demgegenüber trat ein Versagen bei einigen Betonproben der Festigkeitsklasse C40 auf. Die Dehnung der versagten Proben lag deutlich höher, als die gemessene Verformung der Durchläufer.

Die Dehnungen aus einer statischen Dauerbelastung auf dem Oberspannungsniveau der Ermüdungsversuche im HCF-Bereich liegen bei den versagten Proben bei ca. 50 % der gemessenen Verformungen in den

Ermüdungsuntersuchungen. Auch bei den Untersuchungen an Betonproben der Betonfestigkeitsklasse C80 beträgt die Gesamtverformung des Dauerlastversuchs ca. 50 % der gemessenen Dehnung der Ermüdungsuntersuchungen bei einer Beanspruchungsfrequenz von f = 5 Hz. Bei einer Beanspruchungsfrequenz von f = 1 Hz sind die Verformungsunterschiede deutlich weniger ausgeprägt. Die geringsten Dehnungsunterschiede zwischen statischen Dauerbelastungsuntersuchungen und den Ermüdungsuntersuchungen bei Beanspruchungsfrequenzen von f = 5 Hz und f = 1 Hz sind beim hochfesten Beton C120 zu erkennen. Dies könnte ein Hinweis darauf sein, dass bei hochfesten Betonen der Einfluss der aus der statischen Dauerlast resultierenden viskosen Verformung einen dominierenden Anteil an der Gesamtverformung bei Druckschwellbeanspruchung hat. Dies ist zunächst jedoch ausschließlich an der hier vorliegenden begrenzten Versuchsanzahl zu beurteilen und gezielt weitergehend zu untersuchen.

Anhand der Ergebnisse zeigt sich, dass nähere Einschätzungen zum Ermüdungsverhalten sowie zu den Dehnungsanteilen aus statischer Dauerlast und zyklischer Druckschwellbelastung auf Basis der gewonnenen Versuchsergebnisse für die drei Betonarten nur sehr eingeschränkt möglich sind, da zumeist kein Eintritt in die Ermüdungsphase III und ein damit einhergehendes Probenversagen verbunden war. Des Weiteren müssen die vorliegenden Versuchserkenntnisse hinsichtlich der begrenzten Stichprobenanzahl, teilweise sich gegenseitig beeinflussender Parameter (vgl. Abschnitt 8.3) sowie möglicher betonchargenbedingter Streuungen (die Probekörper entstammen verschiedenen Betonchargen) entsprechend verifiziert werden.

9 Zusammenfassung

Zusammenfassend lassen sich auf Basis der durchgeführten Untersuchungen im HCF- und im VHCF-Bereich mögliche Einflussfaktoren auf die Ermüdungsfestigkeit von Beton unter Druckschwellbeanspruchung hervorheben. Diese sollten im wissenschaftlichen Fokus weiterer Versuche stehen, um die Herleitung eines versuchstechnisch umfassend verifizierten Ingenieurmodells zur Ermüdungsfestigkeit von Beton im hohen und sehr hohen Lastwechselbereich ermöglichen zu können. Ein wesentliches Kriterium zur umfassenden Beurteilung von Ermüdungsvorgängen ist der Eintritt eines Probenversagens, um die Ermüdungsphasen I bis III vollumfänglich abbilden zu können. Vor allem der Übergang der Phase II in die Phase III ist von vordergründiger Bedeutung, um eine mögliche Restfestigkeit bis zum Eintritt des Versagens abschätzen zu können.

Ein Probenversagen ist bei den in dem Untersuchungsprogramm vorgesehenen Randbedingungen nur bei vereinzelten Proben aufgetreten, sodass eine vollumfängliche Abbildung des Ermüdungsverhaltens der druckschwellbeanspruchten Betone nur in einem begrenzten Maße möglich war. Dennoch wurden in den Untersuchungen mögliche Einflussparameter auf das Ermüdungsverhalten identifiziert. Es ist zu vermuten, dass bei der Beurteilung des Ermüdungsverhaltens von Beton diese Einflussparameter eine vordergründige Bedeutung haben. Diese könnten somit eine wichtige Grundlage für eine zukünftige Entwicklung eines Ingenieurmodells bilden.

Im Hinblick auf die Versuchsergebnisse werden äußere Parameter wie die Ober- und Unterlast, die Spannungsschwingbreite, das Probenformat sowie die Beanspruchungsfrequenz und materialspezifische Parameter wie der logarithmierte Dehnungsanstieg in Phase II unter Oberspannung log $\dot{\varepsilon}_{sec,max}$, die Betonfestigkeitsklasse sowie die Erhöhung der Oberflächentemperatur im Versuch näher betrachtet.

- **Bezogenes Ober- und Unterspannungsniveau $S_{c,min}$ bzw. $S_{c,max}$**

  Eine Bewertung des Einflusses der Ober- und Unterlast sowie der Spannungsschwingbreite ist auf Basis der vorliegenden Versuchsergebnisse nur eingeschränkt möglich, da die drei Beanspruchungsniveaus sich in ihren Spannungsschwingbreiten, zugleich aber auch in den Ober- und Unterspannungen unterscheiden. Eine klare Trennung zwischen dem Einfluss des Ober- bzw. Unterspannungsniveaus und der Spannungsschwingbreite ist daher nicht zu vollziehen.

  Im Hinblick auf den logarithmierten Dehnungsanstieg in Phase II unter Oberspannung log $\dot{\varepsilon}_{sec,max}$ der VHCF-Versuche konnte kein eindeutiger Einfluss zum Spannungsniveau beobachtet werden.

  Dennoch zeigte sich im Rahmen von Ermüdungsuntersuchungen im HCF-Bereich durchaus die Bedeutung des Oberspannungsniveaus (vgl. u.a. /25/). Vor allem im Hinblick auf den viskosen Dehnungsanteil kann vermutet werden, dass mit zunehmendem Oberspannungsniveau und gleichbleibender Spannungsschwingbreite die zeitabhängigen Verformungen basierend auf dem konstant einwirkenden Lastanteil bei einer Druckschwellbeanspruchung einen bedeutenden Einfluss auf die Ermüdungsfestigkeit haben. Zur Bestätigung dieser These sind weiterführende Versuche jedoch unabdingbar.

- **Spannungsschwingbreite**

  In den Ermüdungsuntersuchungen zeigte sich ein Einfluss der Spannungsschwingbreite ΔS. Dieser verdeutlichte sich in einer ansteigenden Oberflächenerwärmung in mittlerer Probenhöhe mit zunehmender Spannungsschwingbreite. Eine Probenerwärmung $\Delta T \geq 14$ K war bei den Versuchen der Betonfestigkeitsklasse C120 zumeist ein Indiz für den Eintritt eines Bruchversagens (vgl. Bild 92). Die Oberflächentemperatur in halber Probehöhe nahm nahezu affin zum Dehnungsanstieg in Phase III zu. Daher ist auf Basis der durchgeführten Versuche die Spannungsschwingbreite ein wichtiger Einflussparameter zur Einschätzung der Ermüdungsfestigkeit.

- **Betonfestigkeitsklasse**

  Ein möglicher Einfluss der Betonfestigkeitsklasse konnte auf Basis der durchgeführten Untersuchungen in Bezug auf die Oberflächentemperaturen im Rahmen der VHCF-Versuche nur indirekt festgestellt werden. Mit zunehmender Betonfestigkeitsklasse nimmt die Oberflächentemperaturen gemessen in halber Probenhöhe bei unveränderten bezogenen Beanspruchungsniveaus zu. Dies konnte vorrangig bei einer Beanspruchungsfrequenz von f ≈ 130 Hz festgestellt werden.

Die Dehnungen bei Oberlast nehmen bei den Proben der Betonfestigkeitsklassen C40 und C80 mit abnehmender Beanspruchungsfrequenz zu. Die höchsten Dehnungen wurden bei der Beanspruchungsfrequenz von f = 1 Hz an den Probenformaten d/h = 100 mm/200 mm ermittelt. Diese waren ungefähr doppelt so hoch wie die gemessenen maximalen Dehnungen unter Oberlast an den kleinformatigen Proben d/h = 28 mm/56 mm. Beim hochfesten Beton C120 zeigen die Proben im HCF- sowie im VHCF-Bereich hingegen Dehnungen, die im Mittel bei allen Versuchen im Bereich zwischen 2000 µm/m bis 3000 µm/m liegen. Dies könnte einen Hinweis dafür sein, dass die absoluten Dehnungen bei hochfesten Betonen eine untergeordnete Rolle zur Einschätzung der Ermüdungsfestigkeit darstellen. Diese These ist jedoch zwingend mit Ermüdungsversuchen, die ein Bruchversagen zeigen, zu verifizieren. Die hier zugrundeliegenden Ergebnisse beruhen ausschließlich auf Proben, die kein Ermüdungsversagen zeigten und somit nur eine eingeschränkte Beurteilung erlauben.

- **Dehnungsanstieg in Phase II unter Oberspannung log $\dot{\varepsilon}_{sec,max}$**

Eine Bedeutung des Dehnungsanstiegs in Phase II bei Ober- und Unterspannung im Hinblick auf das Ermüdungsverhalten wurde bereits in mehreren Versuchsreihen im HCF-Bereich aufgezeigt /11/; /24/; /25/. Dabei konnte zumeist eine Korrelation zwischen dem Dehnungsanstieg in Phase II und der Bruchlastwechselzahl abgeleitet werden. Im VHCF-Bereich lagen dazu bisher keine Erkenntnisse vor.

Die logarithmierten Dehnungsanstiege in Phase II wurden bei den in diesem Rahmen umgesetzten Ermüdungsversuchen jeweils für die Unter- und Oberspannung ermittelt. Die Werte lagen bei allen Versuchen in ähnlichen Größenordnungen. Es wird daher hier ausschließlich Bezug auf die Dehnungsanstiege in Phase II unter Oberspannung log $\dot{\varepsilon}_{sec,max}$ genommen.

Die Versuchsergebnisse zeigen, dass auch im VHCF-Bereich eine Abhängigkeit zu den ertragbaren Lastwechselzahlen vermutet werden kann. Bei den Proben, die unter hochfrequenter Druckschwellbeanspruchung ein Versagen zeigten, konnte festgestellt werden, dass die Dehnungsanstiege in Phase II unter Oberlast log $\dot{\varepsilon}_{sec,max}$ zumeist deutlich größer waren als bei den Durchläufern. Auf Grundlage der Versuchsergebnisse kann somit eine erste Näherung zu den Forschungsergebnissen des HCF-Bereichs aufgezeigt werden /4/ und der Dehnungsanstieg in Phase II als Indiz für das Eintreten eines Ermüdungsversagens im hohen und sehr hohen Lastwechselbereich vermutet werden.

- **Probenformat und Beanspruchungsfrequenz**

Ein möglicherweise verändertes Ermüdungsverhalten unterschiedlicher Probenformate ist auf Basis der durchgeführten Versuchsreihen ausschließlich in gemeinsamer Betrachtung mit der Beanspruchungsfrequenz möglich, da die Probenformate d/h = 100 mm/200 mm niederfrequent und die kleineren Probekörper d/h = 28 mm/56 mm ausschließlich hochfrequent (f ≥ 65 Hz) belastet wurden.

Mit zunehmender Belastungsfrequenz reduziert sich der gemessene Dehnungsanstieg in Phase II. Hierbei ist jedoch maßgeblich zu berücksichtigen, dass die Versuchszeiten bei niederfrequenter Beanspruchung zwischen 4,5 Tagen bei einer Belastungsfrequenz von f = 5 Hz und ca. 23,5 Tagen bei einer Belastungsfrequenz von f = 1 Hz lagen. Die Untersuchungen an den kleinformatigen Proben waren hingegen bereits nach ca. 1 bis 2 Tagen abgeschlossen. Insofern überlagern sich die Einflusseffekte in Form des Probenformats, der Beanspruchungsfrequenz und der Beanspruchungsdauer, sodass ein möglicher Einfluss des Probenformats nicht explizit herausgestellt werden kann.

Höhere ertragbare Lastwechselzahlen bei kleineren Probekörpern im Vergleich zu größeren Probekörpergrößen konnte Hümme /26/ für niederfrequente Beanspruchungen feststellen. Dieser Zusammenhang wurde im HCF-Bereich auf thermische und hygrische Sekundäreffekte zurückgeführt. Der Einfluss möglicher Sekundäreffekte ist für den VHCF-Bereich bisher noch ungeklärt.

- **Probenerwärmung im Versuch (Oberflächentemperatur in mittlerer Probehöhe)**

  Eine Korrelation zwischen der Probenerwärmung und dem Dehnungsverhalten konnte in den VHCF-Versuchen festgestellt werden. Dies wurde auch in /4/ näher beschrieben. Besonders kurz vor dem Eintritt eines Versagens steigt die Oberflächentemperatur in der Phase III nahezu affin zu den Probendehnungen an. Inwiefern der Probentemperaturanstieg ein Ermüdungsversagen bereits vorab ankündigt und die fortschreitende Ausprägung innerer Reibungsvorgänge verdeutlicht, gilt es in weiteren Untersuchungen zu identifizieren. Ebenso gilt es zu hinterfragen, inwiefern Probenerwärmungen in zyklischen Untersuchungen grundsätzlich das Ermüdungsverhalten des Betons beeinflussen. Dies ist vor allem für die Übertragung der Ergebnisse in spätere ingenieurmäßige Anwendungsbereiche von wesentlicher Bedeutung.

10 Ausblick

Im Rahmen der durchgeführten Untersuchungen konnte eine Prüfmethodik vorgestellt und verifiziert werden, die Druckschwelluntersuchungen an Beton im hochfrequenten Bereich ermöglicht. Erste Einblicke in das bisher noch weitestgehend unerforschte Verhalten von Beton unter Druckschwellbelastung im sehr hohen Lastwechselzahlbereich konnte aufgezeigt werden. Dennoch sind weiterführende Untersuchungen zur detaillierten Betrachtung des Ermüdungsverhaltens im sehr hohen Lastwechselbereich von wesentlicher Bedeutung, um die hier bereits gewonnenen Erkenntnisse wissenschaftlich fundiert zu erweitern.

Die Ermüdungsuntersuchungen sollten hierbei die Einflüsse aus zeitabhängigen, temperaturbedingten und zyklisch bedingten Verformungsanteilen dezidiert betrachten, um die wesentlichen Einflussgrößen auf den Ermüdungswiderstand von Beton abbilden zu können. Zudem sind mögliche Skalierungseffekte bedingt durch unterschiedliche Probekörpergrößen zu erfassen. Hierbei ist es von vorrangiger Bedeutung, dass neben sehr hohen Lastwechselzahlen auch das Versagen unter Ermüdungsbeanspruchung konkret erforscht wird, um die Ermüdungsphasen I bis III vollumfänglich einschätzen und bewerten zu können. Die weiteren Erkenntnisse bilden damit auch die Grundlage für eine Modellierung des Ermüdungsverhaltens von Beton im sehr hohen Lastwechselbereich.

Am IMB/MPA Karlsruhe wird gegenwärtig im Rahmen des DFG-Projekts „Experimentelle Untersuchungen von Beton im sehr hohen Lastwechselbereich als Grundlage für die Modellierung des Ermüdungsverhaltens unter Berücksichtigung viskoser und zyklisch bedingter Dehnungsanteile" /29/ den wesentlichen Fragestellungen zum Verständnis des Ermüdungsverhaltens von Beton im VHCF-Bereich nachgegangen. Das Forschungsvorhaben beinhaltet die grundlegende Betrachtung von Ermüdungsvorgängen im Beton im sehr hohen Lastwechselbereich unter Betrachtung eines additiven Dehnungsmodellansatzes. Es werden elastische, viskose, schädigungsinduzierte und thermische Dehnungsanteile anhand zyklischer Belastungsversuche im VHCF-Bereich durch eine Kombination aus gezielt abgestimmten Kriech- und Schwinduntersuchungen sowie Temperaturmessungen quantifiziert. Zur Anbindung der Untersuchungsergebnisse an Ermüdungsvorgänge in niederfrequent beanspruchten Beton werden Untersuchungen im HCF-Bereich ergänzend durchgeführt. Mögliche Skalierungseffekte werden zudem durch die parallele Untersuchung zweier unterschiedlicher Probengrößen erfasst. Die systematischen Versuche sollen erstmalig Grundlagenkenntnisse im VHCF-Bereich von Beton ermöglichen und die Anbindung zwischen Erkenntnissen aus niederfrequenten und hochfrequenten Ermüdungsuntersuchungen realisieren helfen. Dies eröffnet die Möglichkeit, das Ermüdungsverhalten von Beton auf Basis der unterschiedlichen Dehnungsanteile im VHCF-Bereich zu verstehen und in einer versuchstechnisch abgesicherten Modellierung zu verankern.

11 Literaturverzeichnis

/1/ Roggendorf, T.; Goralski, C. (2014): Ermüdungsverhalten von Beton unter zyklischer Beanspruchung aus dem Betrieb von Windenergieanlagen. Bericht. Ernst & Sohn Verlag für Architektur und technische Wissenschaften GmbH & Co. KG, Berlin. Beton- und Stahlbetonbau 109 (2014), Heft 11. DOI: 10.1002/best.201400064

/2/ Zimmermann, M. (2018): Very High Cycle Fatigue. Springer Nature Singapore Pte Ltd in: C.-H. Hsueh et al. (eds.), Handbook of Mechanics of Materials.

/3/ *fib* Model Code for Concrete Structures 2010. Ernst & Sohn, Oktober, 2013

/4/ Willers, K.; Gerlach, L.; Herrmann, N.; Dehn, F. (2020): Ermüdungscharakteristika eines hochfesten Betons bei sehr hohen Lastwechselzahlen. Beton- und Stahlbetonbau. DOI: 10.1002/best.202000043

/5/ Pfanner, D. (2003): Zur Degradation von Stahlbetonbauteilen unter Ermüdungsbeanspruchung. Fortschritt-Berichte VDI Reihe 4, Nr. 189. Düsseldorf VDI Verlag, 2003.

/6/ Sparks, P.R.: Menzies, J. B. (1973): The effect of rate of loading upon the static and fatigue strengths of plain concrete in compression in: Magazine of Concrete Research, Vol 25, No. 83, S. 73-80.

/7/ Thiele, M. (2015): Experimentelle Untersuchung und Analyse der Schädigungsevolution in Beton unter hochzyklischen Ermüdungsbeanspruchungen. Dissertation, Fakultät VI-Planen Bauen Umwelt der Technischen Universität Berlin.

/8/ Oneschkow, N. (2016): Analyse des Ermüdungsverhaltens von Beton anhand der Dehnungsentwicklung. Dissertation, 2. Fassung zur elektronischen Veröffentlichung, Institut für Baustoffe. Gottfried Wilhelm Leibniz-Universität Hannover

/9/ Von der Harr, C. (2016): Ein mechanisch basiertes Dehnungsmodell für ermüdungsbeanspruchten Beton. Dissertation. Institut für Massivbau. Gottfried Wilhelm Leibniz Universität Hannover.

/10/ Hohberg, R. (2004): Zum Ermüdungsverhalten von Beton. Dissertation, Fakultät VI Bauingenieurwesen und Angewandte Geowissenschaften der Technischen Universität Berlin.

/11/ Marx, S.; Grünberg, J.; Hansen, M.; Schneider, S. (2017): Sachstandsbericht - Grenzzustände der Ermüdung von dynamisch hoch beanspruchten Tragwerken aus Beton in: Deutscher Ausschuss für Stahlbeton. Heft 618. Berlin: Ernst & Sohn.

/12/ Müller, H.S., Hilsdorf, H.K. (1990): Evaluation of the Time Dependent Behavior of Concrete. CEB Bulletin d'Information No. 199, Comité Euro-International du Béton (CEB), Lausanne, 1990.

/13/ Müller, H. S., Haist, M. (2009): Concrete. In: Structural Concrete – Textbook on Behaviour, Design and Performance. *fib* Bulletin 51, International Federation for Structural Concrete (*fib*), Lausanne, S 35-149, 2009.

/14/ Kessler-Kramer, Ch., Müller, H. S. (2001): Ermüdungsverhalten von Betonbauteilen unter Zugbeanspruchung. In: Beton- und Stahlbetonbau, 96. Jhrg., Heft 4, S. 288, 2001.

/15/ Müller, H. S., Vogel, M. (2012): Integrated Concept for Service Life Design of Concrete Strucures. In: Innovative Materials and Techniques in Concrete Construction. Fardis, M. N. (Hrsg.), Springer Heidelberg London New York, S. 59-80, 2012.

/16/ Schneider, S.; Vöcker, D.; Marx, S. (2012): Zum Einfluss der Belastungsfrequenz und der Spannungsgeschwindigkeit auf die Ermüdungsfestigkeit von Beton in: Beton und Stahlbetonbau 107. Heft 12. Berlin: Ernst & Sohn, S. 836-845.

/17/ Erismann, T. (1992): Prüfmaschinen und Prüfanlagen: Hilfsmittel der zerstörenden Materialprüfung. Springer-Verlag Berlin, Heidelberg.

/18/ DIN EN 12390-13:2019-10 – Entwurf: Prüfung von Festbeton - Teil 13: Bestimmung des Elastizitätsmoduls unter Druckbelastung (Sekantenmodul); Deutsche und Englische Fassung prEN 12390-13:2019. Beuth-Verlag, Berlin.

/19/ DIN EN ISO 12571:2020-11 – Entwurf: Wärme- und feuchtetechnisches Verhalten von Baustoffen und Bauprodukten - Bestimmung der hygroskopischen Sorptionseigenschaften. Deutsche und englische Fassung prEN ISO 12571:2020: Beuth-Verlag, Berlin.

/20/ Bunke, N.: (1991): Prüfung von Beton-Empfehlungen und Hinweise als Ergänzung zu DIN 1048 in Deutscher Ausschuss für Stahlbeton. Heft 422. Berlin: Ernst & Sohn.

/21/ Kvitsel, V. (2017): Zur Vorhersage des Schwindens und Kriechens von normal- und hochfestem Konstruktionsleichtbeton mit Blähtongesteinskörnung. Dissertation. Institut für Massivbau und Baustofftechnologie / Materialprüfungs- und Forschungsanstalt, MPA Karlsruhe des Karlsruher Instituts für Technologie (KIT).

/22/ Tomann,C.; Lohaus, L.(2019): Wasserinduzierte Reduktion des Ermüdungswiderstands hochfester Betone. 60. Forschungskolloquium des Deutschen Ausschusses für Stahlbeton. Hannover.

/23/ Elsmeier, K. (2019): Einfluss der Probekörpererwärmung auf den Ermüdungswiderstand von hochfestem Vergussbeton. Dissertation. Institut für Baustoffe. Gottfried Wilhelm Leibniz Universität Hannover.

/24/ Isojeh, B., El-Zeghayar, M. and Vecchio, F.J. (2017): Concrete Damage under Fatigue Loading in Uniaxial Compression in: ACI Materials Journal. Technical paper, pp. 225-235.

/25/ Oneschkow, N.; von der Haar, C.; Hümme, J.; Otto, C.; Lohaus, L.; Marx, S. (2017): Ermüdung von druckschwellbeanspruchtem Beton – Materialverhalten, Modellbildung, Bemessung in: Bergmeister, K.; Fingerloos, F.: Wörner, J.-D. [Hrsg.]. Beton-Kalender 2018. Berlin: Ernst & Sohn, S. 645-755.

/26/ Hümme, J. (2018): Ermüdungsverhalten von hochfestem Beton unter Wasser. Dissertation, Berichte aus dem Institut für Baustoffe, Heft 18, Hannover.

/27/ Schneider, S. (2021): Frequenzabhängigkeit des Ermüdungswiderstandes von hochfestem Beton. Dissertation. Gottfried Wilhelm Leibniz Universität Hannover.

/28/ Reinhardt, H. W.; Stroeven, P.; den Uijl; J. A.; Kooistra, T.; Vrencken, J. H. M. (1978): Einfluss von Schwingbreite, Belastungshöhe und Frequenz auf die Schwingfestigkeit von Beton bei niedrigen Bruchlastwechselzahlen. Betonwerk + Fertigteil-Technik. Heft 9, 1978, S. 498-503.

/29/ DFG-Forschungsvorhaben: Experimentelle Untersuchungen von Beton im sehr hohen Lastwechselbereich als Grundlage für die Modellierung des Ermüdungsverhaltens unter Berücksichtigung viskoser und zyklisch bedingter Dehnungsanteile. Gefördert durch die Deutsche Forschungsgemeinschaft (DFG) - 504102079.

Anhang A: Probenabmessung

A.1 Betonfestigkeitsklasse C40

Tabelle A1: Probenabmessungen in mittlerer Probenhöhe einschließlich der maximalen Streubreite für Proben d/h = 100 mm/200mm (HCF- und Kriechversuche)

Betonfestigkeitsklasse	Charge	Größtkorndurch-messer	Durchmesser	Höhe	Rohdichte
–	–	mm	mm	mm	kg/m³
1	2	3	4	5	6
C40	1	16	99,9 ± 0,9	196,3 ± 7,3	2274 ± 27
	2		99,9 ± 0,4	190,6 ± 3,0	2316 ± 22

Tabelle A2: Probenabmessungen in mittlerer Probenhöhe einschließlich der maximalen Streubreite für Proben d/h = 28 mm/56 mm (VHCF-Versuche)

Betonfestigkeitsklasse	Charge	Größtkorndurch-messer	Durchmesser	Höhe	Rohdichte
–	–	mm	mm	mm	kg/m³
1	2	3	4	5	6
C40	1	8	29,0 ± 0,3	58,6 ± 4,0[1)]	2274 ± 27
	2		29,0 ± 0,1	61,5 ± 5,7[2)]	2316 ± 22

[1)] Die maßgebende untere Streubreite resultiert aus einer Probe mit einer mittleren Höhe von 54,5 mm. Eine weitere Probe hat eine mittlere Gesamthöhe von ca. 55,7 mm. Alle weiteren Proben liegen im Bereich von 57,3 mm bis 60,5 mm.

[2)] Die maßgebende untere Streubreite resultiert aus einer Probe mit einer mittleren Höhe von 55,7 mm. Von 50 Proben unterschreiten lediglich vier Proben eine mittlere Höhe von 60 mm. Die max. obere Streubreite beträgt +2,2.

A.2 Betonfestigkeitsklasse C80

Tabelle A3: Probenabmessungen in mittlerer Probenhöhe einschließlich der maximalen Streubreite für Proben d/h = 100 mm/200mm (HCF- und Kriechversuche)

Betonfestigkeitsklasse	Charge	Größtkorndurch-messer	Durchmesser	Höhe	Rohdichte
–	–	mm	mm	mm	kg/m³
1	2	3	4	5	6
C80	1	16	100,2 ± 0,3	213,5 ± 2,0[1)]	2414 ± 18
	3		100,1 ± 0,5	199,5 ± 6,0	2384 ± 8

[1)] Entscheidung im Forschungskonsortium, dass Probekörper mit einer Höhe von ca. 213,5 mm nicht gekürzt bzw. nachgeschliffen werden.

Tabelle A4: Probenabmessungen in mittlerer Probenhöhe einschließlich der maximalen Streubreite für Proben d/h = 28 mm/56 mm (VHCF-Versuche)

Betonfestigkeitsklasse	Charge	Größtkorndurch-messer	Durchmesser	Höhe	Rohdichte
–	–	mm	mm	mm	kg/m³
1	2	3	4	5	6
C80	1	8	29,1 ± 0,2	58,0 ± 1,5	2392 ± 37

A.3 Betonfestigkeitsklasse C120

Tabelle A5: Probenabmessungen in mittlerer Probenhöhe einschließlich der maximalen Streubreite für Proben d/h = 100 mm/200mm (HCF- und Kriechversuche)

Betonfestigkeitsklasse	Charge	Größtkorndurch-messer	Durchmesser	Höhe	Rohdichte
–	–	mm	mm	mm	kg/m³
1	2	3	4	5	6
C120	1	16	100,3 ± 0,2	200,7 ± 0,7	2414 ± 13
	3		100,3 ± 0,2	200,7 ± 5,0	2449 ± 21
	4		100,2 ± 0,4	195,5 ± 4,0	2446 ± 44

Tabelle A6: Probenabmessungen in mittlerer Probenhöhe einschließlich der maximalen Streubreite für Proben d/h = 28 mm/56 mm (VHCF-Versuche)

Betonfestigkeitsklasse	Charge	Größtkorndurch-messer	Durchmesser	Höhe	Rohdichte
–	–	mm	mm	mm	kg/m³
1	2	3	4	5	6
C120	3	8	29,0 ± 0,1	56,9 ± 1,2	2442 ± 11
	4		29,0 ± 0,2	57,4 ± 1,5	2432 ± 37

Anhang B: Ermittelte Betonkennwerte am IMB/MPA Karlsruhe

B.1 Betonfestigkeitsklasse C40

Tabelle B1: Kennwerte der Proben d/h = 28 mm/56 mm

Probennummer	Probenalter	f_c	E-Modul
–	d	N/mm²	N/mm²
1	2	3	4
C40_VHCF_1	106	43,31	nicht ermittelt
C40_VHCF_2			
C40_VHCF_3			
C40_VHCF_4			
C40_VHCF_12	300	55,7	nicht ermittelt
C40_VHCF_23			
C40_VHCF_26			
C40_VHCF_C2_1	291	42,4	nicht ermittelt
C40_VHCF_C2_2			
C40_VHCF_C2_3			
C40_VHCF_C2_7	301	40,32	34860
C40_VHCF_C2_8			

Tabelle B2: Kennwerte der Proben d/h = 100 mm/200 mm

Probennummer	Probenalter	Umgebungstemperatur	f_c	E-Modul
–	d	°C	N/mm²	N/mm²
1	2	3	4	5
C40_1	110	Raumtemperatur	40,1	-
C40_2				30028
C40_3				
C40_17	297	Raumtemperatur	37,8	-
C40_18				
C40_19				
C40_C2_1	617	Raumtemperatur	49,5	-
C40_C2_2				32729
C40_C2_3				
C40_23	396	ca. +65	31,6	24418

B.2 Betonfestigkeitsklasse C80

Tabelle B3: Kennwerte der Proben d/h = 28 mm/56 mm

Probennummer	Probenalter	f_c	E-Modul
–	d	N/mm²	N/mm²
1	2	3	4
C80_VHCF_1	169	86,10	nicht ermittelt
C80_VHCF_2			
C80_VHCF_3			
C80_VHCF_12	307	78,86	nicht ermittelt
C80_VHCF_23			
C80_VHCF_26			

Tabelle B4: Kennwerte der Proben d/h = 100 mm/200 mm

Probennummer	Probenalter	Umgebungstemperatur	f_c	E-Modul
–	d	°C	N/mm²	N/mm²
1	2	3	4	5
C80_1	237 / 238	Raumtemperatur	118	-
C80_2				45845
C80_3				
C80_13	680	Raumtemperatur	115,5	-
C80_14				46636
C80_15				
C80_C3_1	454	Raumtemperatur	108,47	-
C80_C3_2				44388
C80_C3_3				
C80_C3_4	483	ca. +65	82,1	37456

B.3 Betonfestigkeitsklasse C120

Tabelle B5: Kennwerte der Proben d/h = 28 mm/56 mm

Probennummer	Probenalter	f_c	E-Modul
–	d	N/mm²	N/mm²
1	2	3	4
C120_VHCF_1	278	129,9	nicht ermittelt
C120_VHCF_2			
C120_VHCF_3			
C120_VHCF_C3_1	67	96	nicht ermittelt
C120_VHCF_ C3_2			
C120_VHCF_ C3_3			
C120_VHCF_C3_28	271	139	nicht ermittelt
C120_VHCF_ C3_33			
C120_VHCF_ C3_50			
C120_VHCF_C4_4	664	109	nicht ermittelt
C120_VHCF_C4_6			49597
C120_VHCF_C4_7			57667

Tabelle B6: Kennwerte der Proben d/h = 100 mm/200 mm

Probennummer	Probenalter	Umgebungstemperatur	f_c	E-Modul
–	d	°C	N/mm²	N/mm²
1	2	3	4	5
C120_1	278	Raumtemperatur	143,7	-
C120_2				54583
C120_3				
C120_C3_1	858	Raumtemperatur	129,30	-
C120_C3_2				54388
C120_C3_3				
C120_C3_7	875	ca. +67	106,27	49631

Anhang C: Exemplarische Darstellung der Versuchskörper vor und nach dem Bruchversagen

C.1 Bilder der VHCF-Versuchsserie (Probenformat: d/h = 28 mm/56 mm)

C.1.1 Betonfestigkeitsklasse C40

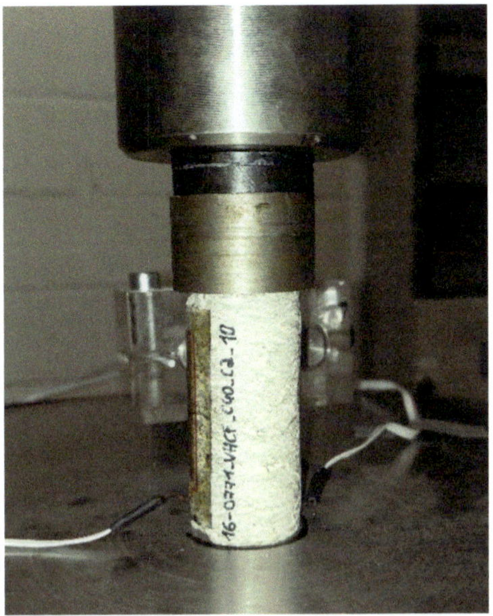

Bild C1: Probe Nr. C40_VHCF_C2_10 vor Beginn des Versuchs

Bild C2: Bruchversagen der Probe Nr. C40_VHCF_C2_10

C.1.2 Betonfestigkeitsklasse C120

Bild C3: Probe Nr. C120_VHCF_34 vor Beginn des Versuchs

Bild C4: Bruchversagen der Probe Nr. C120_VHCF_34

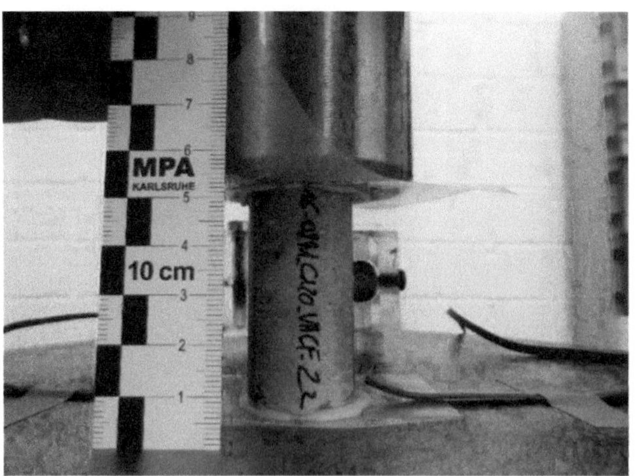

Bild C5: Probe Nr. C120_VHCF_C3_22 vor Beginn des Versuchs

Bild C6: Bruchversagen der Probe Nr. C120_VHCF_C3_22

Bild C7: Probe Nr. C120_VHCF_C3_35 vor Beginn des Versuchs

Bild C8: Bruchversagen der Probe Nr. C120_VHCF_C3_35

Bild C9: Probe Nr. C120_VHCF_C3_45 vor Beginn des Versuchs

Bild C10: Bruchversagen der Probe Nr. C120_VHCF_C3_45

C.2 Bilder der HCF-Versuchsserie (Probenformat: d/h = 100 mm/200 mm)

C.2.1 Betonfestigkeitsklasse C40

Bild C11: Probe Nr. C40_33 vor Beginn des Versuchs

Bild C12: Bruchversagen der Probe Nr. C40_33

C.2.2 Betonfestigkeitsklasse C80

Bild C13: Probe Nr. C80_C3_5 vor Beginn des Versuchs

Bild C14: Bruchversagen der Probe Nr. C80_C3_5

C.2.3 Betonfestigkeitsklasse C120

Bild C15: Probe Nr. C120_C3_17 vor Beginn des Versuchs

Bild C16: Bruchversagen der Probe Nr. C120_C3_17

Verzeichnis der in der Schriftenreihe des Deutschen Ausschusses für Stahlbeton – DAfStb – seit 1945 erschienenen Hefte

Heft

100: Versuche an Stahlbetonbalken zur Bestimmung der Bewehrungsgrenze.
Von *W. Gehler, H. Amos* und *E. Friedrich*.
Die Ergebnisse der Versuche und das Dresdener Rechenverfahren für den plastischen Betonbereich (1949).
Von *W. Gehler*. 9,70 EUR

101: Versuche zur Ermittlung der Rissbildung und der Widerstandsfähigkeit von Stahlbetonplatten mit verschiedenen Bewehrungsstählen bei stufenweise gesteigerter Last.
Von *O. Graf* und *K. Walz*.
Versuche über die Schwellzugfestigkeit von verdrillten Bewehrungsstählen.
Von *O. Graf* und *G. Weil*.
Versuche über das Verhalten von kalt verformten Baustählen beim Zurückbiegen nach verschiedener Behandlung der Proben.
Von *O. Graf* und *G. Weil*.
Versuche zur Ermittlung des Zusammenwirkens von Fertigbauteilen aus Stahlbeton für Decken (1948).
Von *H. Amos* und *W. Bochmann*. vergriffen

102: Beton und Zement im Seewasser (1950).
Von *A. Eckhardt* und *W. Kronsbein*. vergriffen

103: Die *n*-freien Berechnungsweisen des einfach bewehrten, rechteckigen Stahlbetonbalkens (1951).
Von *K. B. Haberstock*. vergriffen

104: Bindemittel für Massenbeton, Untersuchungen über hydraulische Bindemittel aus Zement, Kalk und Trass (1951).
Von *K. Walz*. vergriffen

105: Die Versuchsberichte des Deutschen Ausschusses für Stahlbeton (1951).
Von *O. Graf*. vergriffen

106: Berechnungstafeln für rechtwinklige Fahrbahnplatten von Straßenbrücken (1952). 7. neubearbeitete Auflage (1981).
Von *H. Rüsch*. vergriffen

107: Die Kugelschlagprüfung von Beton.
Von *K. Gaede*. vergriffen

108: Verdichten von Leichtbeton durch Rütteln (1952).
Von *K. Walz*. vergriffen

109: SO_3-Gehalt der Zuschlagstoffe (1952).
Von *K. Gaede*. 3,30 EUR

110: Ziegelsplittbeton (1952).
Von *K. Charisius, W. Drechsel* und *A. Hummel*. vergriffen

111: Modellversuche über den Einfluss der Torsionssteifigkeit bei einer Plattenbalkenbrücke (1952).
Von *G. Marten*. vergriffen

112: Eisenbahnbrücken aus Spannbeton (1953). 2. erweiterte Auflage (1961).
Von *R. Bührer*. 7,80 EUR

113: Knickversuche mit Stahlbetonsäulen.
Von *W. Gehler* und *A. Hütter*.
Festigkeit und Elastizität von Beton mit hoher Festigkeit (1954).
Von *O. Graf*. 9,10 EUR

114: Schüttbeton aus verschiedenen Zuschlagstoffen.
Von *A. Hummel* und *K. Wesche*.
Die Ermittlung der Kornfestigkeit von Ziegelsplitt und anderen Leichtbeton-Zuschlagstoffen (1954).
Von *A. Hummel*. vergriffen

115: Die Versuche der Bundesbahn an Spannbetonträgern in Kornwestheim (1954).
Von *U. Giehrach* und *C. Sättele*. 5,40 EUR

116: Verdichten von Beton mit Innenrüttlern und Rütteltischen, Güteprüfung von Deckensteinen (1954).
Von *K. Walz*. vergriffen

117: Gas- und Schaumbeton: Tragfähigkeit von Wänden und Schwinden.
Von *O. Graf* und *H. Schäffler*.
Kugelschlagprüfung von Porenbeton (1954).
Von *K. Gaede*. vergriffen

118: Schwefelverbindung in Schlackenbeton (1954).
Von *A. Stois, F. Rost, H. Zinnert* und *F. Henkel*. 6,90 EUR

119: Versuche über den Verbund zwischen Stahlbeton-Fertigbalken und Ortbeton.
Von *O. Graf* und *G. Weil*.
Versuche mit Stahlleichtträgern für Massivdecken (1955).
Von *G. Weil*. vergriffen

120: Versuche zur Festigkeit der Biegedruckzone (1955).
Von *H. Rüsch*. vergriffen

121: Gas- und Schaumbeton:
Versuche zur Schubsicherung bei Balken aus bewehrtem Gas- und Schaumbeton.
Von *H. Rüsch*.
Ausgleichsfeuchtigkeit von dampfgehärtetem Gas- und Schaumbeton.
Von *H. Schäffler*.
Versuche zur Prüfung der Größe des Schwindens und Quellens von Gas und Schaumbeton (1956).
Von *O. Graf* und *H. Schäffle*. vergriffen

122: Gestaltfestigkeit von Betonkörpern.
Von *K. Walz*.
Warmzerreißversuche mit Spannstählen.
Von *J. Dannenberg, H. Deutschmann* und *Melchior*.
Konzentrierte Lasteintragung in Beton (1957).
Von *W. Pohle*. 7,60 EUR

123: Luftporenbildende Betonzusatzmittel (1956).
Von *K. Walz*. vergriffen

124: Beton im Seewasser (Ergänzung zu Heft 102) (1956).
Von *A. Hummel* und *K. Wesche*. 2,70 EUR

125: Untersuchungen über Federgelenke (1957).
Von *K. Kammüller* und *O. Jeske*. vergriffen

126: SO_3-Gehalt der Zuschlagstoffe – Langzeitversuche (Ergänzung zu Heft 109). Eindringtiefe von Beton in Holzwolle-Leichtbauplatten (1957).
Von *K. Gaede*. 5,40 EUR

127: Witterungsbeständigkeit von Beton (1957)
Von *K. Walz*. 4,80 EUR

128: Kugelschlagprüfung von Beton (Einfluss des Betonalters) (1957).
Von *K. Gaede*. vergriffen

129: Stahlbetonsäulen unter Kurz- und Langzeitbelastung (1958).
Von *K. Gaede*. 12,90 EUR

130: Bruchsicherheit bei Vorspannung ohne Verbund (1959).
Von *H. Rüsch, K. Kordina* und *C. Zelger*. 5,40 EUR

131: Das Kriechen unbewehrten Betons (1958).
Von *O. Wagner*. vergriffen

132: Brandversuche mit starkbewehrten Stahlbetonsäulen.
Von *H. Seekamp*.
Widerstandsfähigkeit von Stahlbetonbauteilen und Stahlsteindecken bei Bränden (1959).
Von *M. Hannemann* und *H. Thoms*. vergriffen

133: Gas- und Schaumbeton:
Druckfestigkeit von dampfgehärtetem Gasbeton nach verschiedener Lagerung.
Von *H. Schäffler*.
Über die Tragfähigkeit von bewehrten Platten aus dampfgehärtetem Gas- und Schaumbeton.
Von *H. Schäffler*.
Untersuchung des Zusammenwirkens von Porenbeton mit Schwerbeton bei bewehrten Schwerbetonbalken mit seitlich angeordneten Porenbetonschalen (1959).
Von *H. Rüsch* und *E. Lassas*. 4,80 EUR

134: Über das Verhalten von Beton in chemisch angreifenden Wässern (1959).
Von *K. Seidel*. vergriffen

135: Versuche über die beim Betonieren an den Schalungen entstehenden Belastungen.
Von *O. Graf* und *K. Kaufmann*.
Druckfestigkeit von Beton in der oberen Zone nach dem Verdichten durch Innenrüttler.
Von *K. Walz* und *H. Schäffler*.
Versuche über die Verdichtung von Beton auf einem Rütteltisch in lose aufgesetzter und in aufgespannter Form (1960).
Von *J. Strey*. vergriffen

136: Gas- und Schaumbeton:
Versuche über die Verankerung der Bewehrung in Gasbeton.
Über das Kriechen von bewehrten Platten aus dampfgehärtetem Gas- und Schaumbeton (1960).
Von *H. Schäffler*. 11,20 EUR

137: Schubversuche an Spannbetonbalken ohne Schubbewehrung.
Von *H. Rüsch* und *G. Vigerust*.
Die Schubfestigkeit von Spannbetonbalken ohne Schubbewehrung (1960).
Von *G. Vigerust*. vergriffen

138: Über die Grundlagen des Verbundes zwischen Stahl und Beton (1961).
Von *G. Rehm*. vergriffen

139: Theoretische Auswertung von Heft 120 – Festigkeit der Biegedruckzone (1961).
Von *G. Scholz*. 5,80 EUR

Heft

140: Versuche mit Betonformstählen (1963). Von *H. Rüsch* und *G. Rehm.* 16,00 EUR

141: Das spiegeloptische Verfahren (1962). Von *H. Weidemann* und *W. Koepcke.* 9,90 EUR

142: Einpressmörtel für Spannbeton (1960). Von *W. Albrecht* und *H. Schmidt.* 7,30 EUR

143: Gas- und Schaumbeton: Rostschutz der Bewehrung. Von *W. Albrecht* und *H. Schäffler.* Festigkeit der Biegedruckzone (1961). Von *H. Rüsch* und *R. Sell.* 15,00 EUR

144: Versuche über die Festigkeit und die Verformung von Beton bei Druck-Schwellbeanspruchung. Über den Einfluss der Größe der Proben auf die Würfeldruckfestigkeit von Beton (1962). Von *K. Gaede.* 14,50 EUR

145: Schubversuche an Stahlbeton-Rechteckbalken mit gleichmäßig verteilter Belastung. Von *H. Rüsch, F. R. Haugli* und *H. Mayer.* Stahlbetonbalken bei gleichzeitiger Einwirkung von Querkraft und Moment (1962). Von *F. R. Haugli.* 15,50 EUR

146: Der Einfluss der Zementart, des Wasser-Zement-Verhältnisses und des Belastungsalters auf das Kriechen von Beton. Von *A. Hummel, K. Wesche* und *W. Brand.* Der Einfluss des mineralogischen Charakters der Zuschläge auf das Kriechen von Beton (1962). Von *H. Rüsch, K. Kordina* und *H. Hilsdorf.* 31,20 EUR

147: Versuche zur Bestimmung der Übertragungslänge von Spannstählen. Von *H. Rüsch* und *G. Rehm.* Ermittlung der Eigenspannungen und der Eintragungslänge bei Spannbetonfertigteilen (1963). Von *K. Gaede.* 12,20 EUR

148: Der Einfluss von Bügeln und Druckstäben auf das Verhalten der Biegedruckzone von Stahlbetonbalken (1963). Von *H. Rüsch* und *S. Stöckl.* 14,80 EUR

149: Über den Zusammenhang zwischen Qualität und Sicherheit im Betonbau (1962). Von *H. Blaut.* 10,00 EUR

150: Das Verhalten von Betongelenken bei oftmals wiederholter Druck- und Biegebeanspruchung (1962). Von *J. Dix.* 8,40 EUR

151: Versuche an einfeldrigen Stahlbetonbalken mit und ohne Schubbewehrung (1962). Von *F. Leonhardt* und *R. Walther.* 10,70 EUR

152: Versuche an Plattenbalken mit hoher Schubbeanspruchung (1962). Von *F. Leonhardt* und *R. Walther.* 14,80 EUR

153: Elastische und plastische Stauchungen von Beton infolge Druckschwell- und Standbelastung (1962). Von *A. Mehmel* und *E. Kern.* 13,40 EUR

154: Spannungs-Dehnungs-Linien des Betons und Spannungsverteilung in der Biegedruckzone bei konstanter Dehngeschwindigkeit (1962). Von *C. Rasch.* 14,10 EUR

155: Einfluss des Zementleimgehaltes und der Versuchsmethode auf die Kenngrößen der Biegedruckzone von Stahlbetonbalken. Von *H. Rüsch* und *S. Stöckl.* Einfluss der Zwischenlagen auf Streuung und Größe der Spaltzugfestigkeit von Beton (1963). Von *R. Sell.* 10,60 EUR

156: Schubversuche an Plattenbalken mit unterschiedlicher Schubbewehrung (1963). Von *F. Leonhardt* und *R. Walther.* 15,90 EUR

157: Verformungsverhalten von Beton bei zweiachsiger Beanspruchung (1963). Von *H. Weigler* und *G. Becker.* 11,10 EUR

158: Rückprallprüfung von Beton mit dichtem Gefüge. Von *K. Gaede* und *E. Schmidt.* Konsistenzmessung von Beton (1964). Von *W. Albrecht* und *H. Schäffler.* 11,00 EUR

159: Die Beanspruchung des Verbundes zwischen Spannglied und Beton (1964). Von *H. Kupfer.* 6,60 EUR

160: Versuche mit Betonformstählen; Teil II. (1963). Von *H. Rüsch* und *G. Rehm.* 11,70 EUR

161: Modellstatische Untersuchung punktförmig gestützter schiefwinkliger Platten unter besonderer Berücksichtigung der elastischen Auflagernachgiebigkeit (1964). Von *A. Mehmel* und *H. Weise.* vergriffen

162: Verhalten von Stahlbeton und Spannbeton beim Brand (1964). Von *H. Seekamp, W. Becker, W. Struck, K. Kordina* und *H.-J. Wierig.* vergriffen

163: Schubversuche an Durchlaufträgern (1964). Von *F. Leonhardt* und *R. Walther.* 20,70 EUR

164: Verhalten von Beton bei hohen Temperaturen (1964). Von *H. Weigler, R. Fischer* und *H. Dettling.* 13,20 EUR

165: Versuche mit Betonformstählen Teil III. (1964). Von *H. Rüsch* und *G. Rehm.* 12,20 EUR

166: Berechnungstafeln für schiefwinklige Fahrbahnplatten von Straßenbrücken (1967). Von *H. Rüsch, A. Hergenröder* und *I. Mungan.* vergriffen

167: Frostwiderstand und Porengefüge des Betons, Beziehungen und Prüfverfahren. Von *A. Schäfer.* Der Einfluss von mehlfeinen Zuschlagstoffen auf die Eigenschaften von Einpressmörteln für Spannkanäle, Einpressversuche an langen Spannkanälen (1965). Von *W. Albrecht.* 14,80 EUR

168: Versuche mit Ausfallkörnungen. Von *W. Albrecht* und *H. Schäffler.* Der Einfluss der Zementsteinporen auf die Widerstandsfähigkeit von Beton im Seewasser. Von *K. Wesche.* Das Verhalten von jungem Beton gegen Frost. Von *F. Henkel.* Zur Frage der Verwendung von Bolzensetzgeräten zur Ermittlung der Druckfestigkeit von Beton (1965). Von *K. Gaede.* 13,10 EUR

169: Versuche zum Studium des Einflusses der Rissbreite auf die Rostbildung an der Bewehrung von Stahlbetonbauteilen. Von *G. Rehm* und *H. Moll.* Über die Korrosion von Stahl im Beton (1965). Von *H. L. Moll.* vergriffen

170: Beobachtungen an alten Stahlbetonbauteilen hinsichtlich Carbonatisierung des Betons und Rostbildung an der Bewehrung. Von *G. Rehm* und *H. L. Moll.* Untersuchung über das Fortschreiten der Carbonatisierung an Betonbauwerken, durchgeführt im Auftrage der Abteilung Wasserstraßen des Bundesverkehrsministeriums, zusammengestellt von *H.-J. Kleinschmidt.* Tiefe der carbonatisierten Schicht alter Betonbauten, Untersuchungen an Betonproben, durchgeführt vom Forschungsinstitut für Hochofenschlacke, Rheinhausen, und vom Laboratorium der westfälischen Zementindustrie, Beckum, zusammengestellt im Forschungsinstitut der Zementindustrie des Vereins Deutscher Zementwerke e.V. Düsseldorf (1965). 15,70 EUR

171: Knickversuche mit Zweigelenkrahmen aus Stahlbeton (1965). Von *W. Hochmann* und *S. Röbert.* 10,30 EUR

172: Untersuchungen über den Stoßverlauf beim Aufprall von Kraftfahrzeugen auf Stützen und Rahmenstiele aus Stahlbeton (1965). Von *C. Popp.* 10,70 EUR

173: Die Bestimmung der zweiachsigen Festigkeit des Betons (1965). Zusammenfassung und Kritik früherer Versuche und Vorschlag für eine neue Prüfmethode. Von *H. Hilsdorf.* 8,40 EUR

174: Untersuchungen über die Tragfähigkeit netzbewehrter Betonsäulen (1965). Von *H. Weigler* und *J. Henzel.* 8,40 EUR

175: Betongelenke. Versuchsbericht, Vorschläge zur Bemessung und konstruktiven Ausbildung. Von *F. Leonhardt* und *H. Reimann.* Kritische Spannungszustände des Betons bei mehrachsiger ruhender Kurzzeitbelastung (1965). Von *H. Reimann.* vergriffen

176: Zur Frage der Dauerfestigkeit von Spannbetonbauteilen (1966). Von *M. Mayer.* 9,60 EUR

177: Umlagerung der Schnittkräfte in Stahlbetonkonstruktionen. Grundlagen der Berechnung bei statisch unbestimmten Tragwerken unter Berücksichtigung der plastischen Verformungen (1966). Von *P. S. Rao.* 12,00 EUR

Heft

178: Wandartige Träger (1966).
Von *F. Leonhardt und R. Walther.* vergriffen

179: Veränderlichkeit der Biege- und Schubsteifigkeit bei Stahlbetontragwerken und ihr Einfluss auf Schnittkraftverteilung und Traglast bei statisch unbestimmter Lagerung (1966).
Von *W. Dilger.* 13,10 EUR

180: Knicken von Stahlbetonstäben mit Rechteckquerschnitt unter Kurzzeitbelastung – Berechnung mit Hilfe von automatischen Digitalrechenanlagen (1966).
Von *A. Blaser.* 8,40 EUR

181: Brandverhalten von Stahlbetonplatten – Einflüsse von Schutzschichten.
Von *K. Kordina* und *P. Bornemann.*
Grundlagen für die Bemessung der Feuerwiderstandsdauer von Stahlbetonplatten (1966).
Von *P. Bornemann.* 10,70 EUR

182: Karbonatisierung von Schwerbeton.
Von *A. Meyer, H.-J. Wierig* und *K. Husmann.*
Einfluss von Luftkohlensäure und Feuchtigkeit auf die Beschaffenheit des Betons als Korrosionsschutz für Stahleinlagen (1967).
Von *F. Schröder, H.-G. Smolczyk, K. Grade, R. Vinkeloe* und *R. Roth.* 12,90 EUR

183: Das Kriechen des Zementsteins im Beton und seine Beeinflussung durch gleichzeitiges Schwinden (1966).
Von *W. Ruetz.* 8,40 EUR

184: Untersuchungen über den Einfluss einer Nachverdichtung und eines Anstriches auf Festigkeit, Kriechen und Schwinden von Beton (1966).
Von *H. Hilsdorf* und *K. Finsterwalder* 8,40 EUR

185: Das unterschiedliche Verformungsverhalten der Rand- und Kernzonen von Beton (1966).
Von *S. Stöckl.* 9,60 EUR

186: Betone aus Sulfathüttenzement in höherem Alter (1966).
Von *K. Wesche* und *W. Manns.* 8,40 EUR

187: Zur Frage des Einflusses der Ausbildung der Auflager auf die Querkrafttragfähigkeit von Stahlbetonbalken.
Von *K. Gaede.*
Schwingungsmessungen an Massivbrücken (1966).
Von *B. Brückmann.* 9,60 EUR

188: Verformungsversuche an Stahlbetonbalken mit hochfestem Bewehrungsstahl (1967).
Von *G. Franz* und *H. Brenker.* 12,00 EUR

189: Die Tragfähigkeit von Decken aus Glasstahlbeton (1967).
Von *C. Zelger.* 10,70 EUR

190: Festigkeit der Biegedruckzone – Vergleich von Prismen- und Balkenversuchen (1967).
Von *H. Rüsch, K. Kordina* und *S. Stöckl.* 8,40 EUR

191: Experimentelle Bestimmung der Spannungsverteilung in der Biegedruckzone.
Von *C. Rasch.*
Stützmomente kreuzweise bewehrter durchlaufender Rechteckbetonplatten (1967).
Von *H. Schwarz.* 9,60 EUR

192: Die mitwirkende Breite der Gurte von Plattenbalken (1967).
Von *W. Koepcke* und *G. Denecke.* vergriffen

193: Bauschäden als Folge der Durchbiegung von Stahlbeton-Bauteilen (1967).
Von *H. Mayer* und *H. Rüsch.* 13,10 EUR

194: Die Berechnung der Durchbiegung von Stahlbeton-Bauteilen (1967).
Von *H. Mayer.* vergriffen

195: 5 Versuche zum Studium der Verformungen im Querkraftbereich eines Stahlbetonbalkens (1967).
Von *H. Rüsch* und *H. Mayer.* 12,00 EUR

196: Tastversuche über den Einfluss von vorangegangenen Dauerlasten auf die Kurzzeitfestigkeit des Betons.
Von *S. Stöckl.*
Kennzahlen für das Verhalten einer rechteckigen Biegedruckzone von Stahlbetonbalken unter kurzzeitiger Belastung (1967).
Von *H. Rüsch* und *S. Stöckl.* 13,60 EUR

197: Brandverhalten durchlaufender Stahlbetonrippendecken.
Von *H. Seekamp* und *W. Becker.*
Brandverhalten kreuzweise bewehrter Stahlbetonrippendecken.
Von *J. Stanke.*
Vergrößerung der Betondeckung als Feuerschutz von Stahlbetonplatten, 1. und 2. Teil (1967).
Von *H. Seekamp* und *W. Becker.* 14,10 EUR

198: Festigkeit und Verformung von unbewehrtem Beton unter konstanter Dauerlast (1968).
Von *H. Rüsch, R. Sell, C. Rasch, E. Grasser, A. Hummel, K. Wesche* und *H. Flatten.* 13,30 EUR

199: Die Berechnung ebener Kontinua mittels der Stabwerkmethode – Anwendung auf Balken mit einer rechteckigen Öffnung (1968).
Von *A. Krebs* und *F. Haas.* 10,70 EUR

200: Dauerschwingfestigkeit von Betonstählen im einbetonierten Zustand.
Von *H. Wascheidt.*
Betongelenke unter wiederholten Gelenkverdrehungen (1968).
Von *G. Franz* und *H.-D. Fein.* 11,70 EUR

201: Schubversuche an indirekt gelagerten, einfeldrigen und durchlaufenden Stahlbetonbalken (1968).
Von *F. Leonhardt, R. Walther* und *W. Dilger.* 9,60 EUR

202: Torsions- und Schubversuche an vorgespannten Hohlkastenträgern.
Von *F. Leonhardt, R. Walther* und *O. Vogler.*
Torsionsversuche an einem Kunstharzmodell eines Hohlkastenträgers (1968).
Von *D. Feder.* 12,00 EUR

203: Festigkeit und Verformung von Beton unter Zugspannungen (1969).
Von *H. G. Heilmann, H. Hilsdorf* und *K. Finsterwalder.* 14,40 EUR

204: Tragverhalten ausmittig beanspruchter Stahlbetondruckglieder (1969).
Von *A. Mehmel, H. Schwarz, K. H. Kasparek* und *J. Makovi.* 12,00 EUR

205: Versuche an wendelbewehrten Stahlbetonsäulen unter kurz- und langzeitig wirkenden zentrischen Lasten (1969).
Von *H. Rüsch* und *S. Stöckl.* 12,00 EUR

206: Statistische Analyse der Betonfestigkeit (1969).
Von *H. Rüsch, R. Sell* und *R. Rackwitz.* 8,40 EUR

207: Versuche zur Dauerfestigkeit von Leichtbeton.
Von *R. Sell* und *C. Zelger.*
Versuche zur Festigkeit der Biegedruckzone. Einflüsse der Querschnittsform (1969).
Von *S. Stöckl* und *H. Rüsch.* 13,10 EUR

208: Zur Frage der Rissbildung durch Eigen- und Zwängspannungen infolge Temperatur in Stahlbetonbauteilen (1969).
Von *H. Falkner.* vergriffen

209: Festigkeit und Verformung von Gasbeton unter zweiaxialer Druck-Zug-Beanspruchung.
Von *R. Sell.*
Versuche über den Verbund bei bewehrtem Gasbeton (1970).
Von *R. Sell* und *C. Zelger.* 12,00 EUR

210: Schubversuche mit indirekter Krafteinleitung. Versuche zum Studium der Verdübelungswirkung der Biegezugbewehrung eines Stahlbetonbalkens (1970).
Von *T. Baumann* und *H. Rüsch.* 14,40 EUR

211: Elektronische Berechnung des in einem Stahlbetonbalken im gerissenen Zustand auftretenden Kräftezustandes unter besonderer Berücksichtigung des Querkraftbereiches (1970).
Von *D. Jungwirth.* 15,80 EUR

212: Einfluss der Krümmung von Spanngliedern auf den Spannweg.
Von *C. Zelger* und *H. Rüsch.*
Über den Erhaltungszustand 20 Jahre alter Spannbetonträger (1970).
Von *K. Kordina* und *N. V. Waubke.* 9,60 EUR

213: Vierseitig gelagerte Stahlbetonhohlplatten. Versuche, Berechnung und Bemessung (1970).
Von *H. Aster.* vergriffen

214: Verlängerung der Feuerwiderstandsdauer von Stahlbetonstützen durch Anwendung von Bekleidungen oder Ummantelungen.
Von *W. Becker* und *J. Stanke.*
Über das Verhalten von Zementmörtel und Beton bei höheren Temperaturen (1970).
Von *R. Fischer.* 15,30 EUR

215: Brandversuche an Stahlbetonfertigstützen, 2. und 3. Teil (1970).
Von *W. Becker* und *J. Stanke.* 15,30 EUR

216: Schnittkrafttafeln für den Entwurf kreiszylindrischer Tonnenkettendächer (1971).
Von *A. Mehmel, W. Kruse, S. Samaan* und *H. Schwarz.* 20,90 EUR

217: Tragwirkung orthogonaler Bewehrungsnetze beliebiger Richtung in Flächentragwerken aus Stahlbeton (1972).
Von *T. Baumann.* vergriffen

Heft

218: Versuche zur Schubsicherung und Momentendeckung von profilierten Stahlbetonbalken (1972).
Von *H. Kupfer* und *T. Baumann*.
11,00 EUR

219: Die Tragfähigkeit von Stahlsteindecken.
Von *C. Zelger* und *F. Daschner*.
Bewehrte Ziegelstürze (1972).
Von *C. Zelger*. 10,20 EUR

220: Bemessung von Beton- und Stahlbetonbauteilen nach DIN 1045, Ausgabe Januar 1972. [2. überarbeitete Auflage (1979)] – Biegung mit Längskraft, Schub, Torsion.
Von *E. Grasser*.
Nachweis der Knicksicherheit.
Von *K. Kordina* und *U. Quast*.
26,90 EUR

220 (En): Design of Concrete and Reinforced Concrete Members in Accordance with DIN 1045 December 1978 Edition – Bending with Axial Force, Shear, Torsion.
By *E. Grasser*.
Analysis of Safety against Buckling.
By *K. Kordina* and *U. Quast*
2nd revised edition. 26,90 EUR

221: Festigkeit und Verformung von Innenwandknoten in der Tafelbauweise.
Von *H. Kupfer*.
Die Druckfestigkeit von Mörtelfugen zwischen Betonfertigteilen.
Von *E. Grasser* und *F. Daschner*.
Tragfähigkeit (Schubfestigkeit) von Deckenauflagen im Fertigteilbau (1972).
Von *R. v. Halász* und *G. Tantow*.
14,30 EUR

222: Druck-Stöße von Bewehrungsstäben – Stahlbetonstützen mit hochfestem Stahl St 90 (1972).
Von *F. Leonhardt* und *K.-T. Teichen*.
9,70 EUR

223: Spanngliedverankerungen im Inneren von Bauteilen.
Von *J. Eibl* und *G. Iványi*.
Teilweise Vorspannung (1973).
Von *R. Walther* und *N. S. Bhal*.
12,30 EUR

224: Zusammenwirken von einzelnen Fertigteilen als großflächige Scheibe (1973).
Von *G. Mehlhorn*. vergriffen

225: Mikrobeton für modellstatische Untersuchungen (1972).
Von *A.-H. Burggrabe*. 13,20 EUR

226: Tragfähigkeit von Zugschlaufenstößen.
Von *F. Leonhardt*, *R. Walther* und *H. Dieterle*.
Haken- und Schlaufenverbindungen in biegebeanspruchten Platten.
Von *G. Franz* und *G. Timm*.
Übergreifungsvollstöße mit hakenformig gebogenen Rippenstählen (1973).
Von *K. Kordina* und *G. Fuchs*.
14,10 EUR

227: Schubversuche an Spannbetonträgern (1973).
Von *F. Leonhardt*, *R. Koch* und *F.-S. Rostásy*. 26,80 EUR

228: Zusammenhang zwischen Oberflächenbeschaffenheit, Verbund und Sprengwirkung von Bewehrungsstählen unter Kurzzeitbelastung (1973).
Von *H. Martin*. 12,60 EUR

229: Das Verhalten des Betons unter mehrachsiger Kurzzeitbelastung unter besonderer Berücksichtigung der zweiachsigen Beanspruchung.
Von *H. Kupfer*.
Bau und Erprobung einer Versuchseinrichtung für zweiachsige Belastung (1973).
Von *H. Kupfer* und *C. Zelger*.
19,30 EUR

230: Erwärmungsvorgänge in balkenartigen Stahlbetonteilen unter Brandbeanspruchung (1975).
Von *H. Ehm*, *K. Kordina* und *R. v. Postel*. 20,30 EUR

231: Die Versuchsberichte des Deutschen Ausschusses für Stahlbeton. Inhaltsübersicht der Hefte 1 bis 230 (1973).
Von *O. Graf* und *H. Deutschmann*.
10,10 EUR

232: Bestimmung physikalischer Eigenschaften des Zementsteins.
Von *F. Wittmann*.
Verformung und Bruchvorgang poröser Baustoffe bei kurzzeitiger Belastung und unter Dauerlast (1974).
Von *F. Wittmann* und *J. Zaitsev*.
14,30 EUR

233: Stichprobenprüfpläne und Annahmekennlinien für Beton (1973).
Von *H. Blaut*. 7,90 EUR

234: Finite Elemente zur Berechnung von Spannbeton-Reaktordruckbehältern (1973).
Von *J. H. Argyris, G. Faust, J. R. Roy, J. Szimmat, E. P. Warnke* und *K. J. Willam*. 13,10 EUR

235: Untersuchungen zum heißen Liner als Innenwand für Spannbetondruckbehälter für Leichtwasserreaktoren (1973).
Von *J. Meyer* und *W. Spandick*.
vergriffen

236: Tragfähigkeit und Sicherheit von Stahlbetonstützen unter ein- und zweiachsig exzentrischer Kurzzeit- und Dauerbelastung (1974).
Von *R. F. Warner*. 8,30 EUR

237: Spannbeton-Reaktordruckbehälter: Studie zur Erfassung spezieller Betoneigenschaften im Reaktordruckbehälterbau.
Von *J. Eibl, N. V. Waubke, W. Klingsch, U. Schneider* und *G. Rieche*.
Parameterberechnungen an einem Referenzbehälter.
Von *J. Szimmat* und *K. Willam*.
Einfluss von Werkstoffeigenschaften auf Spannungs- und Verformungszustände eines Spannbetonbehälters (1974).
Von *V. Hansson* und *F. Stangenberg*.
13,10 EUR

238: Einfluss wirklichkeitsnahen Werkstoffverhaltens auf die kritischen Kipplasten schlanker Stahlbeton- und Spannbetonträger.
Von *G. Mehlhorn*.
Berechnung von Stahlbetonscheiben im Zustand II bei Annahme eines wirklichkeitsnahen Werkstoffverhaltens (1974).
Von *K. Dörr, G. Mehlhorn, W. Stauder* und *D. Uhlisch*. 16,70 EUR

239: Torsionsversuche an Stahlbetonbalken (1974).
Von *F. Leonhardt* und *G. Schelling*.
20,30 EUR

240: Hilfsmittel zur Berechnung der Schnittgrößen und Formänderungen von Stahlbetontragwerken nach DIN 1045 Ausgabe Juli 1988 [3. überarbeitete Auflage (1991)].
Von *E. Grasser* und *G. Thielen*.
19,30 EUR

241: Abplatzversuche an Prüfkörpern aus Beton, Stahlbeton und Spannbeton bei verschiedenen Temperaturbeanspruchungen (1974).
Von *C. Meyer-Ottens*. 9,70 EUR

242: Verhalten von verzinkten Spannstählen und Bewehrungsstählen.
Von *G. Rehm, A. Lämmke, U. Nürnberger, G. Rieche* sowie *H. Martin* und *A. Rauen*.
Löten von Betonstahl (1974).
Von *D. Russwurm*. 20,30 EUR

243: Ultraschall-Impulstechnik bei Fertigteilen.
Von *G. Rehm, N. V. Waubke* und *J. Neisecke*.
Untersuchungen an ausgebauten Spanngliedern (1975).
Von *A. Röhnisch*. 15,50 EUR

244: Elektronische Berechnung der Auswirkungen von Kriechen und Schwinden bei abschnittsweise hergestellten Verbundstabwerken (1975).
Von *D. Schade* und *W. Haas*.
7,10 EUR

245: Die Kornfestigkeit künstlicher Zuschlagstoffe und ihr Einfluss auf die Betonfestigkeit.
Von *R. Sell*.
Druckfestigkeit von Leichtbeton (1974).
Von *K. D. Schmidt-Hurtienne*.
17,40 EUR

246: Untersuchungen über den Querstoß beim Aufprall von Kraftfahrzeugen auf Gründungspfähle aus Stahlbeton und Stahl (1974).
Von *C. Popp*. 17,20 EUR

247: Temperatur und Zwangsspannung im Konstruktions-Leichtbeton infolge Hydratation.
Von *H. Weigler* und *J. Nicolay*.
Dauerschwell- und Betriebsfestigkeit von Konstruktions-Leichtbeton (1975).
Von *H. Weigler* und *W. Freitag*.
13,70 EUR

248: Zur Frage der Abplatzungen an Bauteilen aus Beton bei Brandbeanspruchungen (1975).
Von *C. Meyer-Ottens*. 8,40 EUR

249: Schlag-Biegeversuch mit unterschiedlich bewehrten Stahlbetonbalken (1975).
Von *C. Popp*. 10,00 EUR

250: Langzeitversuche an Stahlbetonstützen.
Von *K. Kordina*.
Einfluss des Kriechens auf die Ausbiegung schlanker Stahlbetonstützen (1975).
Von *K. Kordina* und *R. F. Warner*.
11,10 EUR

251: Versuche an wendelbewehrten Stahlbetonsäulen unter exzentrischer Belastung (1975).
Von *S. Stöckl* und *B. Menne*.
10,70 EUR

Heft

252: Beständigkeit verschiedener Betonarten in Meerwasser und in sulfathaltigem Wasser (1975).
Von *H. T Schröder, O. Hallauer* und *W. Scholz.* 15,50 EUR

253: Spannbeton-Reaktordruckbehälter-Instrumentierung.
Von *J. Német* und *R. Angeli.*
Versuch zur Weiterentwicklung eines Setzdehnungsmessers (1975).
Von *C. Zelger.* 10,20 EUR

254: Festigkeit und Verformungsverhalten von Beton unter hohen zweiachsigen Dauerbelastungen und Dauerschwellbelastungen. Festigkeit und Verformungsverhalten von Leichtbeton, Gasbeton, Zementstein und Gips unter zweiachsiger Kurzzeitbeanspruchung (1976).
Von *D. Linse* und *A. Stegbauer.* 13,10 EUR

255: Zur Frage der zulässigen Rissbreite und der erforderlichen Betondeckung im Stahlbetonbau unter besonderer Berücksichtigung der Karbonatisierungstiefe des Betons (1976).
Von *P. Schiessl.* vergriffen

256: Wärme- und Feuchtigkeitsleitung in Beton unter Einwirkung eines Temperaturgefälles (1975).
Von *J. Hundt.* 15,80 EUR

257: Bruchsicherheitsberechnung von Spannbeton-Druckbehältern (1976).
Von *K. Schimmelpfennig.* 13,30 EUR

258: Hygrische Transportphänomene in Baustoffen (1976).
Von *K. Gertis, K. Kiesl, H. Werner* und *V. Wolfseher.* 13,10 EUR

259: Entwicklung eines integrierten Spannbetondruckbehälters für wassergekühlte Reaktoren (SBB Typ „Stern" mit Stützkessel) (1976).
Von *G. Jüptner, H. Kumpf, G. Molz, B. Neunert* und *O. Seidl.* 11,50 EUR

260: Studie zum Trag- und Verformungsverhalten von Stahlbeton (1976).
Von *J. Eibl* und *G. Ivànyi.* 26,80 EUR

261: Der Einfluss radioaktiver Strahlung auf die mechanischen Eigenschaften von Beton (1976).
Von *H. Hilsdorf, J. Kropp* und *H.-J. Koch.* 8,40 EUR

262: Experimentelle Bestimmung des räumlichen Spannungszustandes eines Reaktordruckbehältermodells (1976).
Von *R. Stöver.* 13,10 EUR

263: Bruchfestigkeit und Bruchverformung von Beton unter mehraxialer Belastung bei Raumtemperatur (1976).
Von *F. Bremer* und *F. Steinsdörfer.* 7,60 EUR

264 Spannbeton-Reaktordruckbehälter mit heißer Dichthaut für Druckwasserreaktoren (1976).
Von *A. Jungmann, H. Kopp, M. Gangl, J. Német, A. Nesitka, W. Walluschek-Wallfeld* und *J. Mutzl.* 10,70 EUR

265: Traglast von Stahlbetondruckgliedern unter schiefer Biegung (1976).
Von *K. Kordina, K. Rafla* und *O. Hjorth†.* 11,80 EUR

266: Das Trag- und Verformungsverhalten von Stahlbetonbrückenpfeilern mit Rollenlagern (1976).
Von *K. Liermann.* 12,90 EUR

Heft

267: Zur Mindestbewehrung für Zwang von Außenwänden aus Stahlleichtbeton.
Von *F. S. Rostásy, R. Koch* und *F. Leonhardt.*
Versuche zum Tragverhalten von Druckübergreifungsstößen in Stahlbetonwänden (1976).
Von *F. Leonhardt, F. S. Rostásy* und *M. Patzak.* 15,00 EUR

268: Einfluss der Belastungsdauer auf das Verbundverhalten von Stahl in Beton (Verbundkriechen) (1976).
Von *L. Franke.* 8,60 EUR

269: Zugspannung und Dehnung in unbewehrten Betonquerschnitten bei exzentrischer Belastung (1976).
Von *H. G. Heilmann.* 15,50 EUR

270: Eine Formulierung des zweiaxialen Verformungs- und Bruchverhaltens von Beton und deren Anwendung auf die wirklichkeitsnahe Berechnung von Stahlbetonplatten (1976).
Von *J. Link.* 14,40 EUR

271: Untersuchungen an 20 Jahre alten Spannbetonträgern (1976).
Von *R. Bührer, K.-F. Müller, H. Martin* und *J. Ruhnau.* 13,10 EUR

272: Die Dynamische Relaxation und ihre Anwendung auf Spannbeton-Reaktordruckbehälter (1976).
Von *W. Zerna.* 13,70 EUR

273: Schubversuche an Balken mit veränderlicher Trägerhöhe (1977).
Von *F. S. Rostásy, K. Roeder* und *F. Leonhardt.* 9,70 EUR

274: Witterungsbeständigkeit von Beton, 2. Bericht (1977).
Von *K. Walz* und *E. Hartmann.* 8,40 EUR

275: Schubversuche an Balken und Platten bei gleichzeitigem Längszug (1977).
Von *F. Leonhardt, F. S. Rostásy, J. MacGregor* und *M. Patzak.* 11,00 EUR

276: Versuche an zugbeanspruchten Übergreifungsstößen von Rippenstählen (1977).
Von *S. Stöckl, B. Menne* und *H. Kupfer.* 15,50 EUR

277: Versuchsergebnisse zur Festigkeit und Verformung von Beton bei mehraxialer Druckbeanspruchung – Results of Test Concerning Strength and Strain of Concrete Subjected to Multiaxial Compressive Stresses (1977).
Von *G. Schickert* und *H. Winkler.* 17,20 EUR

278: Berechnungen von Temperatur- und Feuchtefeldern in Massivbauten nach der Methode der Finiten Elemente (1977).
Von *J. H. Argyris, E. P. Warnke* und *K. J. Willam.* 10,10 EUR

279: Finite Elementberechnung von Spannbeton-Reaktordruckbehältern.
Von *J. H. Argyris, G. Faust, J. Szimmat, E. P. Warnke* und *K. J. Willam.*
Zur Konvertierung von SMART I (1977).
Von *J. H. Argyris, J. Szimmat* und *K. J. Willam.* 11,50 EUR

Heft

280: Nichtisothermer Feuchtetransport in dickwandigen Betonteilen von Reaktordruckbehältern.
Von *K. Kiessl* und *K. Gertis.*
Zur Wärme- und Feuchtigkeitsleitung in Beton.
Von *J. Hundt.*
Einfluss des Wassergehalts auf die Eigenschaften des erhärteten Betons (1977).
Von *M. J. Setzer.* 14,40 EUR

281: Untersuchungen über das Verhalten von Beton bei schlagartiger Beanspruchung (1977).
Von *C. Popp.* 7,90 EUR

282: Vorausbestimmung der Spannkraftverluste infolge Dehnungsbehinderung (1977).
Von *R. Walther, U. Utescher* und *D. Schreck.* 8,90 EUR

283: Technische Möglichkeiten zur Erhöhung der Zugfestigkeit von Beton (1977).
Von *G. Rehm, P. Diem* und *R. Zimbelmann.* 13,10 EUR

284: Experimentelle und theoretische Untersuchungen zur Lasteintragung in die Bewehrung von Stahlbetondruckgliedern (1977).
Von *F. P. Müller* und *W. Eisenbiegler.* 8,20 EUR

285: Zur Traglast der ausmittig gedrückten Stahlbetonstütze mit Umschnürungsbewehrung (1977).
Von *B. Menne.* 8,60 EUR

286: Versuche über Teilflächenbelastung von Normalbeton (1977).
Von *P. Wurm* und *F. Daschner.* 10,70 EUR

287: Spannbetonbehälter für Siedewasserreaktoren mit einer Leistung von 1600 MWe (1977).
Von *F. Bremer* und *W. Spandick.* 6,80 EUR

288: Tragverhalten von aus Fertigteilen zusammengesetzten Scheiben.
Von *G. Mehlhorn* und *H. Schwing.*
Versuche zur Schubtragfähigkeit verzahnter Fugen (1977).
Von *G. Mehlhorn, H. Schwing* und *K.-R. Berg.* vergriffen

289: Prüfverfahren zur Beurteilung von Rostschutzmitteln für die Bewehrung von Gasbeton.
Von *W. Manns, H. Schneider, R. Schönfelder.*
Frostwiderstand von Beton.
Von *W. Manns* und *E. Hartmann.*
Zum Einfluss von Mineralölen auf die Festigkeit von Beton (1977).
Von *W. Manns* und *E. Hartmann.* 8,60 EUR

290: Studie über den Abbruch von Spannbeton-Reaktordruckbehältern.
Von *K. Kleiser, K. Essig, K. Cerff* und *H. K. Hilsdorf.*
Grundlagen eines Modells zur Beschreibung charakteristischer Eigenschaften des Betons (1977).
Von *F. H. Wittmann.* 14,40 EUR

291: Übergreifungsstöße von Rippenstäben unter schwellender Belastung.
Von *G. Rehm* und *R. Eligehausen.*
Übergreifungsstöße geschweißter Betonstahlmatten (1977).
Von *G. Rehm, R. Tewes* und *R. Eligehausen.* 10,70 EUR

Heft

324: Wärmeausdehnung, Elastizitätsmodul, Schwinden, Kriechen und Restfestigkeit von Reaktorbeton unter einachsiger Belastung und erhöhten Temperaturen.
Von *H. Aschl* und *S. Stöckl*.
Versuche zum Einfluss der Belastungshöhe auf das Kriechen des Betons (1981).
Von *S. Stöckl*. 15,90 EUR

325: Großmodellversuche zur Spanngliedreibung (1981).
Von *H. Cordes*, *K. Schütt* und *H. Trost*. 10,70 EUR

326: Blockfundamente für Stahlbetonfertigstützen (1981).
Von *H. Dieterle* und *A. Steinle*. vergriffen

327: Versuche zur Knicksicherung von druckbeanspruchten Bewehrungsstäben (1981).
Von *J. Neuner* und *S. Stöckl*. 8,60 EUR

328: Zum Tragfähigkeitsnachweis für Wand-Decken-Knoten im Großtafelbau (1982).
Von *E. Hasse*. 14,50 EUR

329: Sachstandbericht Massenbeton.
Von *Deutscher Beton-Verein e.V.*
Untersuchungen an einem über 20 Jahre alten Spannbetonträger der Pliensaubrücke Esslingen am Neckar (1982).
Von *K. Schäfer* und *H. Scheef*. 8,60 EUR

330: Zusammenstellung und Beurteilung von Messverfahren zur Ermittlung der Beanspruchungen in Stahlbetonbauteilen (1982).
Von *H. Twelmeier* und *J. Schneefuß*. 12,10 EUR

331: Kleben im konstruktiven Betonbau (1982).
Von *G. Rehm* und *L. Franke*. 12,40 EUR

332: Anwendungsgrenzen von vereinfachten Bemessungsverfahren für schlanke, zweiachsig ausmittig beanspruchte Stahlbetondruckglieder.
Von *P. C. Olsen* und *U. Quast*.
Traglast von Druckgliedern mit vereinfachter Bügelbewehrung unter Feuerangriff.
Von *A. Haksever* und *R. Hass*.
Traglast von Druckgliedern mit vereinfachter Bügelbewehrung unter Normaltemperatur und Kurzzeitbeanspruchung (1982).
Von *K. Kordina* und *R. Mester*. 15,00 EUR

333. Festschrift „75 Jahre Deutscher Ausschuß für Stahlbeton" (1982).
Von *D. Bertram*, *E. Bornemann*, *N. Bunke*, *H. Goffin*, *D. Jungwirth*, *K. Kordina*, *H. Kupfer*, *J. Schlaich*, *B. Wedler†* und *W. Zerna*. 22,60 EUR

334: Versuche an Spannbetonbalken unter kombinierter Beanspruchung aus Biegung, Querkraft und Torsion (1982).
Von *M. Teutsch* und *K. Kordina*. 10,20 EUR

335: Versuche zum Tragverhalten von segmentären Spannbetonträgern – Vergleichende Auswertung für Epoxidharz- und Zementmörtelfugen (1982).
Von *H. Kupfer*, *K. Guckenberger* und *F. Daschner*. 10,70 EUR

336: Tragfähigkeit und Verformung von Stahlbetonbalken unter Biegung und gleichzeitigem Zwang infolge Auflagerverschiebung (1982).
Von *K. Kordina*, *F. S. Rostásy* und *B. Svensvik*. 10,70 EUR

337: Verhalten von Beton bei hohen Temperaturen – Behaviour of Concrete at High Temperatures (1982).
Von *U. Schneider*. 15,50 EUR

338: Berechnung des zeitabhängigen Verhaltens von Stahlbetonplatten unter Last- und Zwangsbeanspruchung im ungerissenen und gerissenen Zustand (1982).
Von *G. Schaper*. 13,40 EUR

339: Stützenstöße im Stahlbeton-Fertigteilbau mit unbewehrten Elastomerlagern (1982).
Von *F. Müller*, *H. R. Sasse* und *U. Thormählen*. vergriffen

340: Durchlaufende Deckenkonstruktionen aus Spannbetonfertigteilplatten mit ergänzender Ortbetonschicht – Continuous Skin Stressed Slabs (1982).
Behaviour in Bending (Biegetrageverhalten).
Von *J. Rosenthal* und *E. Bljuger*.
Schubtragverhalten (Behaviour in Shear).
Von *F. Daschner* und *H. Kupfer*. 11,60 EUR

341: Zum Ansatz der Betonzugfestigkeit bei den Nachweisen zur Trag- und Gebrauchsfähigkeit von unbewehrten und bewehrten Betonbauteilen (1983).
Von *M. Jahn*. 8,60 EUR

342: Dynamische Probleme im Stahlbetonbau –
Teil I: Der Baustoff Stahlbeton unter dynamischer Beanspruchung (1983).
Von *F. P. Müller†*, *E. Keintzel* und *H. Charlier*. 18,80 EUR

343: Versuche zum Kriechen und Schwinden von hochfestem Leichtbeton. Versuche zum Rückkriechen von hochfestem Leichtbeton (1983).
Von *P. Hofmann* und *S. Stöckl*. 8,10 EUR

344: Versuche zur Teilflächenbelastung von Leichtbeton für tragende Konstruktionen.
Von *H. G. Heilmann*.
Teilflächenbelastung von Normalbeton – Versuche an bewehrten Scheiben (1983).
Von *P. Wurm* und *F. Daschner*. 12,60 EUR

345: Experimentelle Ermittlung der Steifigkeiten von Stahlbetonplatten (1983).
Von *H. Schäfer*, *K. Schneider* und *H. G. Schäfer*. 11,60 EUR

346: Tragfähigkeit geschweißter Verbindungen im Betonfertigteilbau.
Von *E. Cziesielski* und *M. Friedmann*.
Versuche zur Ermittlung der Tragfähigkeit in Beton eingespannter Rundstahldollen aus nichtrostendem austenitischem Stahl.
Von *G. Utescher* und *H. Herrmann*.
Untersuchungen über in Beton eingelassene Scherbolzen aus Betonstahl (1983).
Von *H. Paschen* und *T. Schönhoff*. vergriffen

347: Wirkung der Endhaken bei Vollstößen durch Übergreifung von zugbeanspruchten Rippenstählen.
Von *G. Schmidt-Thrö*, *S. Stöckl* und *M. Betzle*
Übergreifungs-Halbstoß mit kurzem Längsversatz (l_v = 0,5 $1_{ü}$) bei zugbeanspruchten Rippenstählen in Leichtbeton.
Von *M. Betzle*, *S. Stöckl* und *H. Kupfer*.
Rissflächen im Beton im Bereich von Übergreifungsstößen zugbeanspruchter Rippenstähle (1983).
Von *M. Betzle*, *S. Stöckl* und *H. Kupfer*. 17,40 EUR

348: Tragfähigkeit querkraftschlüssiger Fugen zwischen Stahlbeton-Fertigteildeckenelementen (1983).
Von *H. Paschen* und *V. C. Zillich*. vergriffen

349: Bestimmung des Wasserzementwertes von Frischbeton (1984).
Von *H. K. Hilsdorf*. 10,70 EUR

350: Spannbetonbauteile in Segmentbauart unter kombinierter Beanspruchung aus Torsion, Biegung und Querkraft.
Von *K. Kordina*, *M. Teutsch* und *V. Weber*.
Rissbildung von Segmentbauteilen in Abhängigkeit von Querschnittsausbildung und Spannstahlverbundeigenschaften.
Von *K. Kordina* und *V. Weber*.
Einfluss der Ausbildung unbewehrter Pressfugen auf die Tragfähigkeit von schrägen Druckstreben in den Stegen von Segmentbauteilen (1984).
Von *K. Kordina* und *V. Weber*. 16,70 EUR

351: Belastungs- und Korrosionsversuche an teilweise vorgespannten Balken.
Von *Günter Schelling* und *Ferdinand S. Rostásy*.
Teilweise Vorspannung – Plattenversuche (1984).
Von *Kassian Janovic* und *Herbert Kupfer*. 23,90 EUR

352: Empfehlungen für brandschutztechnisch richtiges Konstruieren von Betonbauwerken.
Von *K. Kordina* und *L. Krampf*.
Möglichkeiten, nachträglich die in einem Betonbauteil während eines Schadenfeuers aufgetretenen Temperaturen abzuschätzen.
Von *A. Haksever* und *L. Krampf*.
Brandverhalten von Decken aus Glasstahlbeton nach DIN 1045 (Ausg. 12.78), Abschn. 20.3.
Von *C. Meyer-Ottens*.
Eindringen von Chlorid-Ionen aus PVC-Abbrand in Stahlbetonbauteile – Literaturauswertung (1984).
Von *K. Wesche*, *G. Neroth* und *J. W. Weber*. vergriffen

353: Einpressmörtel mit langer Verarbeitungszeit.
Von *W. Manns* und *R. Zimbelmann*.
Auswirkung von Fehlstellen im Einpressmörtel auf die Korrosion des Spannstahls.
Von *G. Rehm*, *R. Frey* und *D. Funk*.
Korrosionsverhalten verzinkter Spannstähle in gerissenem Beton (1984).
Von *U. Nürnberger*. 30,60 EUR

354: Bewehrungsführung in Ecken und Rahmenendknoten.
Von *Karl Kordina*.
Vorschläge zur Bemessung rechteckiger und kranzförmiger Konsolen insbesondere unter exzentrischer Belastung aufgrund neuer Versuche (1984).
Von *Heinrich Paschen* und *Hermann Malonn*. vergriffen

Heft

355: Untersuchungen zur Vorspannung ohne Verbund.
Von *Heinrich Trost, Heiner Cordes* und *Bernhard Weller.*
Anwendung der Vorspannung ohne Verbund.
Von *Karl Kordina, Josef Hegger* und *Manfred Teutsch.*
Ermittlung der wirtschaftlichen Bewehrung von Flachdecken mit Vorspannung ohne Verbund (1984).
Von *Karl Kordina, Manfred Teutsch* und *Josef Hegger.* 20,90 EUR

356: Korrosionsschutz von Bauwerken, die im Gleitschalungsbau errichtet wurden (1984).
Von *Karl Kordina* und *Siegfried Droese.* 16,70 EUR

357: Konstruktion, Bemessung und Sicherheit gegen Durchstanzen von balkenlosen Stahlbetondecken im Bereich der Innenstützen (1984).
Von *Udo Schaefers.* vergriffen

358: Kriechen von Beton unter hoher zentrischer und exzentrischer Druckbeanspruchung (1985).
Von *Emil Grasser* und *Udo Kraemer.* 15,30 EUR

359: Versuche zur Ermüdungsbeanspruchung der Schubbewehrung von Stahlbetonträgern.
Von *Klaus Guckenberger, Herbert Kupfer* und *Ferdinand Daschner.*
Vorgespannte Schubbewehrung (1985).
Von *Jürgen Ruhnau* und *Herbert Kupfer.* 25,20 EUR

360: Festigkeitsverhalten und Strukturveränderungen von Beton bei Temperaturbeanspruchung bis 250 °C (1985).
Von *Jürgen Seeberger, Jörg Kropp* und *Hubert K. Hilsdorf.* 18,80 EUR

361: Beitrag zur Bemessung von schlanken Stahlbetonstützen für schiefe Biegung mit Achsdruck unter Kurzzeit- und Dauerbelastung – Contribution to the Design of Slender Reinforced Concrete Columns Subjected to Biaxial Bending and Axial Compression Considering Short and Long Term Loadings (1985).
Von *Nelson Szilard Galgoul.* 21,50 EUR

362: Versuche an Konstruktionsleichtbetonbauteilen unter kombinierter Beanspruchung aus Torsion, Biegung und Querkraft (1985).
Von *Karl Kordina* und *Manfred Teutsch.* 13,40 EUR

363: Versuche zur Mitwirkung des Betons in der Zugzone von Stahlbetonröhren (1985).
Von *Jörg Schlaich* und *Hans Schober.* 14,50 EUR

364: Empirische Zusammenhänge zur Ermittlung der Schubtragfähigkeit stabförmiger Stahlbetonelemente (1985).
Von *Karl Kordina* und *Franz Blume.* 11,80 EUR

365: Experimentelle Untersuchungen bewehrter und hohler Prüfkörper aus Normalbeton mittels eines zwängungsarmen Krafteinleitungssystems (1985).
Von *Manfred Specht, Rita Schmidt* und *Hartmut Kappes.* 16,10 EUR

366: Grundsätzliche Untersuchungen zum Geräteeinfluss bei der mehraxialen Druckprüfung von Beton (1985).
Von *Helmut Winkler.* 29,00 EUR

367: Verbundverhalten von Bewehrungsstählen unter Dauerbelastung in Normal- und Leichtbeton.
Von *Kassian Janovic.*
Übergreifungsstöße geschweißter Betonstahlmatten.
Von *Gallus Rehm* und *Rüdiger Tewes.*
Übergreifungsstöße geschweißter Betonstahlmatten in Stahlleichtbeton (1986).
Von *Gallus Rehm* und *Rüdiger Tewes.* 14,50 EUR

368: Fugen und Aussteifungen in Stahlbetonskelettbauten (1986).
Von *Bernd Hock, Kurt Schäfer* und *Jörg Schlaich.* vergriffen

369: Versuche zum Verhalten unterschiedlicher Stahlsorten in stoßbeanspruchten Platten (1986).
Von *Josef Eibl* und *Klaus Kreuser.* 13,40 EUR

370: Einfluss von Rissen auf die Dauerhaftigkeit von Stahlbeton- und Spannbetonbauteilen.
Von *Peter Schießl.*
Dauerhaftigkeit von Spanngliedern unter zyklischen Beanspruchungen.
Von *Heiner Cordes.*
Beurteilung der Betriebsfestigkeit von Spannbetonbrücken im Koppelfugenbereich unter besonderer Berücksichtigung einer möglichen Rissbildung.
Von *Gert König* und *Hans-Christian Gerhardt.*
Nachweis zur Beschränkung der Rissbreite in den Normen des Deutschen Ausschusses für Stahlbeton (1986).
Von *Eilhard Wölfel.* vergriffen

371: Tragfähigkeit durchstanzgefährdeter Stahlbetonplatten-Entwicklung von Bemessungsvorschlägen (1986).
Von *Karl Kordina* und *Diedrich Nölting.* vergriffen

372: Literaturstudie zur Schubsicherung bei nachträglich ergänzten Querschnitten.
Von *Ferdinand Daschner* und *Herbert Kupfer.*
Versuche zur notwendigen Schubbewehrung zwischen Betonfertigteilen und Ortbeton.
Von *Ferdinand Daschner.*
Verminderte Schubdeckung in Stahlbeton- und Spannbetonträgern mit Fugen parallel zur Tragrichtung unter Berücksichtigung nicht vorwiegend ruhender Lasten.
Von *Ingo Nissen, Ferdinand Daschner* und *Herbert Kupfer.*
Literaturstudie über Versuche mit sehr hohen Schubspannungen (1986).
Von *Herbert Kupfer* und *Ferdinand Daschner.* vergriffen

373: Empfehlungen für die Bewehrungsführung in Rahmenecken und -knoten.
Von *Karl Kordina, Ehrenfried Schaaff* und *Thomas Westphal.*
Das Übertragungs- und Weggrößenverfahren für ebene Stahlbetonstabtragwerke unter Verwendung von Tangentensteifigkeiten (1986).
Von *Poul Colberg Olsen.* vergriffen

374: Schwingfestigkeitsverhalten von Betonstählen unter wirklichkeitsnahen Beanspruchungs- und Umgebungsbedingungen (1986).
Von *Gallus Rehm, Wolfgang Harre* und *Willibald Beul.* 14,50 EUR

375: Grundlagen und Verfahren für den Knicksicherheitsnachweis von Druckgliedern aus Konstruktionsleichtbeton.
Von *Roland Molzahn.*
Einfluss des Kriechens auf Ausbiegung und Tragfähigkeit schlanker Stützen aus Konstruktionsleichtbeton (1986).
Von *Roland Molzahn.* 13,40 EUR

376: Trag- und Verformungsfähigkeit von Stützen bei großen Zwangsverschiebungen der Decken.
Von *Peter Steidle* und *Kurt Schäfer.*
Versuche an Stützen mit Normalkraft und Zwangsverschiebungen (1986).
Von *Rolf Wohlfahrt* und *Rainer Koch.* 22,60 EUR

377: Versuche zur Schubtragwirkung von profilierten Stahlbeton- und Spannbetonträgern mit überdrückten Gurtplatten (1986).
Von *Herbert Kupfer* und *Klaus Guckenberger.* 14,00 EUR

378: Versuche über das Verbundverhalten von Rippenstählen bei Anwendung des Gleitbauverfahrens.
Teilbericht I:
Ausziehversuche, Proben in Utting hergestellt.
Von *Gerfried Schmidt-Thrö* und *Siegfried Stöckl.*
Teilbericht II:
Versuche zur Bestimmung charakteristischer Betoneigenschaften bei Anwendung des Gleitbauverfahrens.
Von *Gerfried Schmidt-Thrö, Siegfried Stöckl* und *Herbert Kupfer.*
Teilbericht III:
Ausziehversuche und Versuche an Übergreifungsstößen, Proben in Berlin bzw. Köln hergestellt.
Von *Klaus Kluge, Gerfried Schmidt-Thrö, Siegfried Stöckl* und *Herbert Kupfer.*
Einfluss der Probekörperform und der Messpunktanordnung auf die Ergebnisse von Ausziehversuchen (1986).
Von *Gerfried Schmidt-Thrö, Siegfried Stöckl* und *Herbert Kupfer.* 27,40 EUR

379: Experimentelle und analytische Untersuchungen zur wirklichkeitsnahen Bestimmung der Bruchschnittgrößen unbewehrter Betonbauteile unter Zugbeanspruchung, (1987).
Von *Dietmar Scheidler.* 16,70 EUR

380: Eigenspannungszustand in Stahl- und Spannbetonkörpern infolge unterschiedlichen thermischen Dehnverhaltens von Beton und Stahl bei tiefen Temperaturen.
Von *Ferdinand S. Rostásy* und *Jochen Scheuermann.*
Verbundverhalten einbetonierten Betonrippenstahls bei extrem tiefer Temperatur.
Von *Ferdinand S. Rostásy* und *Jochen Scheuermann.*
Versuche zur Biegetragfähigkeit von Stahlbetonplattenstreifen bei extrem tiefer Temperatur (1987).
Von *Günter Wiedemann, Jochen Scheuermann, Karl Kordina* und *Ferdinand S. Rostásy.* 19,90 EUR

381: Schubtragverhalten von Spannbetonbauteilen mit Vorspannung ohne Verbund.
Von *Karl Kordina* und *Josef Hegger.*
Systematische Auswertung von Schubversuchen an Spannbetonbalken (1987).
Von *Karl Kordina* und *Josef Hegger.* 21,50 EUR

Heft

382: Berechnen und Bemessen von Verbundprofilstäben bei Raumtemperatur und unter Brandeinwirkung (1987).
Von *Otto Jungbluth* und *Werner Gradwohl.* 16,70 EUR

383: Unbewehrter und bewehrter Beton unter Wechselbeanspruchung (1987).
Von *Helmut Weigler* und *Karl-Heinz-Rings.* 12,10 EUR

384: Einwirkung von Streusalzen auf Betone unter gezielt praxisnahen Bedingungen (1987).
Von *Reinhard Frey.* 7,80 EUR

385: Das Schubtragverhalten schlanker Stahlbetonbalken – Theoretische und experimentelle Untersuchungen für Leicht- und Normalbeton.
Von *Helmut Kirmair.*
Rissverhalten im Schubbereich von Stahlleichtbetonträgern (1987).
Von *Kassian Janovic.* 18,80 EUR

386: Das Tragverhalten von Beton– Einfluss der Festigkeit und der Erhärtungsbedingungen (1987).
Von *Helmut Weigler* und *Eike Bielak.* 13,40 EUR

387: Tragverhalten quadratischer Einzelfundamente aus Stahlbeton.
Von *Hannes Dieterle* und *Ferdinand S. Rostásy.*
Zur Bemessung quadratischer Stützenfundamente aus Stahlbeton unter zentrischer Belastung mit Hilfe von Bemessungsdiagrammen (1987).
Von *Hannes Dieterle.* 23,10 EUR

388: Wandartige Träger mit Auflagerverstärkungen und vertikalen Arbeitsfugen (1987).
Von *Jens Götsche* und *Heinrich Twelmeier†.* 17,80 EUR

389: Verankerung der Bewehrung am Endauflager bei einachsiger Querpressung.
Von *Gerfried Schmidt-Thrö, Siegfried Stöckl* und *Herbert Kupfer.*
Einfluss einer einachsigen Querpressung und der Verankerungslänge auf das Verbundverhalten von Rippenstählen im Beton.
Von *Gerfried Schmidt-Thrö, Siegfried Stöckl* und *Herbert Kupfer.*
Rissflächen im Beton im Bereich einer auf Zug beanspruchten Stabverankerung (1988).
Von *Gerfried Schmidt-Thrö.* 27,90 EUR

390: Einfluss von Betongüte, Wasserhaushalt und Zeit auf das Eindringen von Chloriden in Beton.
Von *Gallus Rehm, Ulf Nürnberger; Bernd Neubert* und *Frank Nenninger.*
Chloridkorrosion von Stahl in gerissenem Beton.
A – Bisheriger Kenntnisstand.
B – Untersuchungen an der 30 Jahre alten Westmole in Helgoland.
C – Auslagerung gerissener, mit unverzinkten und feuerverzinkten Stählen bewehrten Stahlbetonbalken auf Helgoland (1988).
Von *Gallus Rehm, Ulf Nürnberger* und *Bernd Neubert.* vergriffen

391: Biegetragverhalten und Bemessung von Trägern mit Vorspannung ohne Verbund.
Von *Josef Zimmermann.*
Experimentelle Untersuchung zum Biegetragverhalten von Durchlaufträgern mit Vorspannung ohne Verbund (1988).
Von *Bernhard Weller.* 25,70 EUR

Heft

392: Dynamische Probleme im Stahlbetonbau – Teil II: Stahlbetonbauteile und -bauwerke unter dynamischer Beanspruchung (1988).
Von *Josef Eibl, Einar Keintzel* und *Hermann Charlier.* vergriffen

393: Querschnittsbericht zur Rissbildung in Stahl- und Spannbetonkonstruktionen.
Von *Rolf Eligehausen* und *Helmut Kreller.*
Korrosion von Stahl in Beton – einschließlich Spannbeton (1988).
Von *Ulf Nürnberger, Klaus Menzel Armin Löhr* und *Reinhard Frey.* vergriffen

394: Nachweisverfahren für Verankerung, Verformung, Zwangbeanspruchung und Rissbreite. Kontinuierliche Theorie der Mitwirkung des Betons auf Zug. Rechenhilfen für die Praxis (1988).
Von *Piotr Noakowski.* vergriffen

395: Berechnung von Temperatur-, Feuchte- und Verschiebungsfeldern in erhärtenden Betonbauteilen nach der Methode der finiten Elemente (1988).
Von *Holger Hamfler.* 30,00 EUR

396: Rissbreitenbeschränkung und Mindestbewehrung bei Eigenspannungen und Zwang (1988).
Von *Manfred Puche.* 31,20 EUR

397: Spezielle Fragen beim Schweißen von Betonstählen.
Gleichmaßdehnung von Betonstählen (1989).
Von *Dieter Rußwurm.* 16,10 EUR

398: Zur Faltwerkwirkung der Stahlbetontreppen (1989).
Von *Hans-Heinrich Osteroth.* vergriffen

399: Das Bewehren von Stahlbetonbauteilen – Erläuterungen zu verschiedenen gebräuchlichen Bauteilen (1993).
Von *Rolf Eligehausen* und *Roland Gerster.* 25,70 EUR

400: Erläuterungen zu DIN 1045, Beton und Stahlbeton, Ausgabe 07.88.
Zusammengestellt von *Dieter Bertram* und *Norbert Bunke.*
Hinweise für die Verwendung von Zement zu Beton.
Von *Justus Bonzel* und *Karsten Rendchen.*
Grundlagen der Neuregelung zur Beschränkung der Rissbreite.
Von *Peter Schießl.*
Erläuterungen zur Richtlinie für Beton mit Fließmitteln und für Fließbeton.
Von *Justus Bonzel* und *Eberhard Siebel.*
Erläuterungen zur Richtlinie Alkali-Reaktion im Beton (1989). 4. Auflage 1994 (3. berichtigter Nachdruck).
Von *Justus Bonzel, Jürgen Dahms* und *Jürgen Krell.* 38,60 EUR

401: Anleitung zur Bestimmung des Chloridgehaltes von Beton.
Arbeitskreis: Prüfverfahren – Chlorideindringtiefe.
Leitung: *Rupert Springenschmid.*
Schnellbestimmung des Chloridgehaltes von Beton.
Von *Horst Dorner, Günter Kleiner.*
Bestimmung des Chloridgehaltes von Beton durch Direktpotentiometrie. (1989).
Von *Horst Dorner.* vergriffen

Heft

402: Kunststoffbeschichtete Betonstähle (1989).
Von *Gallus Rehm, Rainer Blum, Elke Fielker, Reinhard Frey, Dieter Junginger, Bernhard Kipp, Peter Langer Klaus Menzel* und *Ferdinand Nagel.* 29,00 EUR

403: Wassergehalt von Beton bei Temperaturen von 100 °C bis 500 °C im Bereich des Wasserdampfpartialdruckes von 0 bis 5,0 MPa.
Von *Wilhelm Manns* und *Bernd Neubert.*
Permeabilität und Porosität von Beton bei hohen Temperaturen (1989).
Von *Ulrich Schneider* und *Hans Joachim Herbst.* 14,00 EUR

404: Verhalten von Beton bei mäßig erhöhten Betriebstemperaturen (1989).
Von *Harald Budelmann.* 24,70 EUR

405: Korrosion und Korrosionsschutz der Bewehrung im Massivbau
– neuere Forschungsergebnisse
– Folgerungen für die Praxis
– Hinweise für das Regelwerk (1990).
Von *Ulf Nürnberger.* vergriffen

406: Die Berechnung von ebenen, in ihrer Ebene belasteten Stahlbetonbauteilen mit der Methode der Finiten Elemente (1990).
Von *Günter Borg.* vergriffen

407: Zwang und Rissbildung in Wänden auf Fundamenten (1990).
Von *Ferdinand S. Rostásy* und *Wolfgang Henning.* 25,70 EUR

408: Druck und Querzug in bewehrten Betonelementen.
Von *Kurt Schäfer, Günther Schelling* und *Thomas Kuchler.*
Altersabhängige Beziehung zwischen der Druck- und Zugfestigkeit von Beton im Bauwerk – Bauwerkszugfestigkeit – (1990).
Von *Ferdinand S. Rostásy* und *Ernst-Holger Ranisch.* 25,70 EUR

409: Zum nichtlinearen Trag- und Verformungsverhalten von Stahlbetonstabtragwerken unter Last- und Zwangeinwirkung (1990).
Von *Helmut Kreller.* 21,50 EUR

410: Kunststoffbeschichtungen auf ständig durchfeuchtetem Beton – Adhäsionseigenschaften, Eignungsprüfkriterien, Beschichtungsgrundsätze (1990).
Von *Michael Fiebrich.* 20,40 EUR

411: Untersuchungen über das Tragverhalten von Köcherfundamenten (1990).
Von *Georg-Wilhelm Mainka* und *Heinrich Paschen.* 22,60 EUR

412: Mindestbewehrung zwangbeanspruchter dicker Stahlbetonbauteile (1990).
Von *Manfred Helmus.* 24,70 EUR

413: Experimentelle Untersuchungen zur Bestimmung der Druckfestigkeit des gerissenen Stahlbetons bei einer Querzugbeanspruchung (1990).
Von *Johann Kollegger* und *Gerhard Mehlhorn.* 27,90 EUR

414: Versuche zur Ermittlung von Schalungsdruck und Schalungsreibung im Gleitbau (1990).
Von *Karl Kordina* und *Siegfried Droese.* 19,30 EUR

Heft

415: Programmgesteuerte Berechnung beliebiger Massivbauquerschnitte unter zweiachsiger Biegung mit Längskraft (Programm MASQUE) (1990).
Von *Dirk Busjaeger* und *Ulrich Quast*. 31,20 EUR

416: Betonbau beim Umgang mit wassergefährdenden Stoffen – Sachstandsbericht (1991).
Von *Thomas Fehlhaber, Gert König, Siegfried Mängel, Hermann Poll, Hans-Wolf Reinhardt, Carola Reuter, Peter Schießl, Bernd Schnütgen, Gerhard Spanka Friedhelm Stangenberg, Gerd Thielen* und *Johann-Dietrich Wörner*. 37,60 EUR

417: Stahlbeton- und Spannbetonbauteile bei extrem tiefer Temperatur – Versuche und Berechnungsansätze für Lasten und Zwang (1991).
Von *Uwe Pusch* und *Ferdinand S. Rostásy*. 22,60 EUR

418: Warmbehandlung von Beton durch Mikrowellen (1991).
Von *Ulrich Schneider* und *Frank Dumat*. 30,00 EUR

419: Bruchmechanisches Verhalten von Beton unter monotoner und zyklischer Zugbeanspruchung (1991).
Von *Herbert Duda*. 17,20 EUR

420: Versuche zum Kriechen und zur Restfestigkeit von Beton bei mehrachsiger Beanspruchung.
Von *Norbert Lanig, Siegfried Stöckl* und *Herbert Kupfer*.
Kriechen von Beton nach langer Lasteinwirkung.
Von *Norbert Lanig* und *Siegfried Stöckl*.
Frühe Kriechverformungen des Betons (1991).
Von *Heinrich Trost* und *Hans Paschmann*. 24,70 EUR

421: Entwicklung radiographischer Untersuchungsmethoden des Verbundverhaltens von Stahl und Beton (1991).
Von *Andrea Steinwedel*. 22,60 EUR

422: Prüfung von Beton-Empfehlungen und Hinweise als Ergänzung zu DIN 1048 (1991).
Zusammengestellt von *Norbert Bunke*. 33,30 EUR

423: Experimentelle Untersuchungen des Trag- und Verformungsverhaltens schlanker Stahlbetondruckglieder mit zweiachsiger Ausmitte.
Von *Rainer Grzeschkowitz, Karl Kordina* und *Manfred Teutsch*.
Erweiterung von Traglastprogrammen für schlanke Stahlbetondruckglieder (1992).
Von *Rainer Grzeschkowitz* und *Ulrich Quast*. 23,60 EUR

424: Tragverhalten von Befestigungen unter Querlasten in ungerissenem Beton (1992).
Von *Werner Fuchs*. 29,00 EUR

425: Bemessungshilfsmittel zu Eurocode 2 Teil 1 (DIN V ENV 1992 Teil 1-1, Ausgabe 06.92).
Planung von Stahlbeton- und Spannbetontragwerken (1992).
3. ergänzte Auflage 1997.
Von *Karl Kordina* u. a. 40,90 EUR

426: Einfluss der Probekörperform auf die Ergebnisse von Ausziehversuchen – Finite-Element-Berechnung – (1992).
Von *Jürgen Mainz* und *Siegfried Stöckl*. 19,30 EUR

Heft

427: Verminderte Schubdeckung in Betonträgern mit Fugen parallel zur Tragrichtung bei sehr hohen Schubspannungen und nicht vorwiegend ruhenden Lasten (1992).
Von *Ferdinand Daschner* und *Herbert Kupfer*. 14,00 EUR

428: Entwicklung eines Expertensystems zur Beurteilung, Beseitigung und Vorbeugung von Oberflächenschäden an Betonbauteilen (1992).
Von *Michael Sohni*. 20,40 EUR

429: Der Einfluss mechanischer Spannungen auf den Korrosionswiderstand zementgebundener Baustoffe (1992).
Von *Ulrich Schneider, Erich Nägele Frank Dumat* und *Steffen Holst*. 20,40 EUR

430: Standardisierte Nachweise von häufigen D-Bereichen (1992).
Von *Mattias Jennewein* und *Kurt Schäfer*. 20,40 EUR

431: Spannungsumlagerungen in Verbundquerschnitten aus Fertigteilen und Ortbeton statisch bestimmter Träger infolge Kriechen und Schwinden unter Berücksichtigung der Rissbildung (1992).
Von *Günther Ackermann, Erich Raue, Lutz Ebel* und *Gerhard Setzpfandt*. vergriffen

432: Lineare und nichtlineare Theorie des Kriechens und der Relaxation von Beton unter Druckbeanspruchung (1992).
Von *Jing-Hua Shen*. 12,90 EUR

433: Zur chloridinduzierten Makroelementkorrosion von Stahl in Beton (1992).
Von *Michael Raupach*. 23,60 EUR

434: Beurteilung der Wirksamkeit von Steinkohlenflugaschen als Betonzusatzstoff (1993).
Von *Franz Sybertz*. 23,60 EUR

435: Zur Spannungsumlagerung im Spannbeton bei der Rissbildung unter statischer und wiederholter Belastung (1993).
Von *Nguyen Viet Tue*. 18,30 EUR

436: Zum karbonatisierungsbedingten Verlust der Dauerhaftigkeit von Außenbauteilen aus Stahlbeton (1993).
Von *Dieter Bunte*. 27,90 EUR

437: Festigkeit und Verformung von Beton bei hoher Temperatur und biaxialer Beanspruchung – Versuche und Modellbildung – (1994).
Von *Karl-Christian Thienel*. 22,60 EUR

438: Hochfester Beton, Sachstandsbericht, Teil 1: Betontechnologie und Betoneigenschaften.
Von *Ingo Schrage*.
Teil 2: Bemessung und Konstruktion (1994).
Von *Gert König, Harald Bergner, Rainer Grimm, Markus Held, Gerd Remmel* und *Gerd Simsch*. 19,30 EUR

439: Ermüdungsfestigkeit von Stahlbeton und Spannbetonbauteilen mit Erläuterungen zu den Nachweisen gemäß CEB-FIP. Model Code 1990 (1994).
Von *Gert König* und *Ireneusz Danielewicz*. 21,50 EUR

Heft

440: Untersuchung zur Durchlässigkeit von faserfreien und faserverstärkten Betonbauteilen mit Trennrissen.
Von *Masaaki Tsukamoto*.
Gitterschnittkennwert als Kriterium für die Adhäsionsgüte von Oberflächenschutzsystemen auf Beton (1994).
Von *Michael Fiebrich*. 18,30 EUR

441: Physikalisch nichtlineare Berechnung von Stahlbetonplatten im Vergleich zur Bruchlinientheorie (1994).
Von *Andreas Pardey*. 36,50 EUR

442: Versuche zum Kriechen von Beton bei mehrachsiger Beanspruchung – Auswertung auf der Basis von errechneten elastischen Anfangsverformungen.
Von *Henric Bierwirth, Siegfried Stöckl* und *Herbert Kupfer*.
Kriechen, Rückkriechen und Dauerstandfestigkeit von Beton bei unterschiedlichem Feuchtegehalt und Verwendung von Portlandzement bzw. Portlandkalksteinzement (1994).
Von *Dirk Nechvatal, Siegfried Stöckl* und *Herbert Kupfer*. 20,40 EUR

443: Schutz und Instandsetzung von Betonbauteilen unter Verwendung von Kunststoffen – Sachstandsbericht – (1994).
Von *H. Rainer Sasse* u. a. 51,60 EUR

444: Zum Zug- und Schubtragverhalten von Bauteilen aus hochfestem Beton (1994).
Von *Gerd Remmel*. 23,60 EUR

445: Zum Eindringverhalten von Flüssigkeiten und Gasen in ungerissenen Beton.
Von *Thomas Fehlhaber*.
Eindringverhalten von Flüssigkeiten in Beton in Abhängigkeit von der Feuchte der Probekörper und der Temperatur.
Von *Massimo Sosoro* und *Hans-Wolf Reinhardt*.
Untersuchung der Dichtheit von Vakumbeton gegenüber wassergefährdenden Flüssigkeiten (1994).
Von *Reinhard Frey* und *Hans-Wolf Reinhardt*. 27,90 EUR

446: Modell zur Vorhersage des Eindringverhaltens von organischen Flüssigkeiten in Beton (1995).
Von *Massimo Sosoro*. 17,20 EUR

447: Versuche zum Verhalten von Beton unter dreiachsiger Kurzzeitbeanspruchung.
Tests on the Behaviour of Concrete under Triaxial Shorttime Loading.
Von *Ulrich Scholz, Dirk Nechvatal, Helmut Aschl, Diethelm Linse, Emil Grasser* und *Herbert Kupfer*.
Auswertung von Versuchen zur mehrachsigen Betonfestigkeit, die an der Technischen Universität München durchgeführt wurden.
Evaluation of the Multiaxial Strength of Concrete Tested at Technische Universität München.
Von *Zhenhai Guo, Yunlong Zhou* und *Dirk Nechvatal*.
Versuche zur Methode der Verformungsmessung an dreiachsig beanspruchten Betonwürfeln.
Tests on Methods for Strain Measurements on Cubic Specimen of Concrete under Triaxial Loading (1995).
Von *Christian Dialer, Norbert Lanig, Siegfried Stöckl* und *Cölestin Zelger*. 25,70 EUR

Heft

448: Veränderung des Betongefüges durch die Wirkung von Steinkohlenflugasche und ihr Einfluss auf die Betoneigenschaften (1995).
Von *Reiner Härdtl.* 18,30 EUR

449: Wirksame Betonzugfestigkeit im Bauwerk bei früh einsetzendem Temperaturzwang (1995).
Von *Peter Onken* und *Ferdinand S. Rostásy.* 20,40 EUR

450: Prüfverfahren und Untersuchungen zum Eindringen von Flüssigkeiten und Gasen in Beton sowie zum chemischen Widerstand von Beton.
Von *Hans Paschmann, Horst Grube* und *Gerd Thielen.*
Untersuchungen zum Eindringen von Flüssigkeiten in Beton sowie zur Verbesserung der Dichtheit des Betons (1995).
Von *Hans Paschmann, Horst Grube* und *Gerd Thielen.* 23,60 EUR

451: Beton als sekundäre Dichtbarriere gegenüber umweltgefährdenden Flüssigkeiten (1995).
Von *Michael Aufrecht.* vergriffen

452: Wöhlerlinien für einbetonierte Spanngliedkopplungen.
– Dauerschwingversuche an Spanngliedkopplungen des Litzenspannverfahrens D & W.
Von *Gert König* und *Roland Sturm.*
– Dauerschwingversuche an Spanngliedkopplungen des Bündelspanngliedes BBRV-SUSPA II (1995).
Von *Gert König* und *Ireneusz Danielewicz.* 16,10 EUR

453: Ein durchgängiges Ingenieurmodell zur Bestimmung der Querkrafttragfähigkeit im Bruchzustand von Bauteilen aus Stahlbeton mit und ohne Vorspannung der Festigkeitsklassen C 12 bis C 115 (1995).
Von *Manfred Specht* und *Hans Scholz.* 23,60 EUR

454: Tragverhalten von randfernen Kopfbolzenverankerungen bei Betonbruch (1995).
Von *Guochen Zhao.* 20,40 EUR

455: Wasserdurchlässigkeit und Selbstheilung von Trennrissen in Beton (1996).
Von *Carola Katharina Edvardsen.* 23,60 EUR

456: Zum Schubtragverhalten von Fertigplatten mit Ortbetonergänzung.
Von *Horst Georg Schäfer* und *Wolfgang Schmidt-Kehle.*
Oberflächenrauheit und Haftverbund.
Von *Horst Georg Schäfer, Klaus Block* und *Rita Drell.*
Zur Oberflächenrauheit von Fertigplatten mit Ortbetonergänzung.
Von *Horst Georg Schäfer* und *Wolfgang Schmidt-Kehle.*
Ortbetonergänzte Fertigteilbalken mit profilierter Anschlussfuge unter hoher Querkraftbeanspruchung (1996).
Von *Horst Georg Schäfer* und *Wolfgang Schmidt-Kehle.* 30,00 EUR

457: Verbesserung der Undurchlässigkeit, Beständigkeit und Verformungsfähigkeit von Beton.
Von *Udo Wiens, Fritz Grahn* und *Peter Schießl.*
Durchlässigkeit von überdrückten Trennrissen im Beton bei Beaufschlagung mit wassergefährdenden Flüssigkeiten.
Von *Norbert Brauer* und *Peter Schießl.*
Untersuchungen zum Eindringen von Flüssigkeiten in Beton, zur Dekontamination von Beton sowie zur Dichtheit von Arbeitsfugen (1996).
Von *Hans Paschmann* und *Horst Grube.* vergriffen

458: Umweltverträglichkeit zementgebundener Baustoffe – Sachstandsbericht – (1996).
Von *Inga Hohberg, Christoph Müller, Peter Schießl* und *Gerhard Volland.* 20,40 EUR

459: Bemessen von Stahlbetonbalken und -wandscheiben mit Öffnungen (1996).
Von *Hermann Ulrich Hottmann* und *Kurt Schäfer.* 26,90 EUR

460: Fließverhalten von Flüssigkeiten in durchgehend gerissenen Betonkonstruktionen (1996).
Von *Christiane Imhof-Zeitler.* 32,20 EUR

461: Grundlagen für den Entwurf, die Berechnung und konstruktive Durchbildung lager- und fugenloser Brücken (1996).
Von *Michael Pötzl, Jörg Schlaich* und *Kurt Schäfer.* 21,50 EUR

462: Umweltgerechter Rückbau und Wiederverwertung mineralischer Baustoffe – Sachstandsbericht (1996).
Von *Peter Grübl* u. a. 32,20 EUR

463: Contec ES – Computer Aided Consulting für Betonoberflächenschäden (1996).
Von *Gabriele Funk.* vergriffen

464: Sicherheitserhöhung durch Fugenverminderung – Spannbeton im Umweltbereich.
Von *Jens Schütte, Manfred Teutsch* und *Horst Falkner.*
Fugen in chemisch belasteten Betonbauteilen.
Von *Hans-Werner Nordhues* und *Johann-Dietrich Wörner.*
Durchlässigkeit und konstruktive Konzeption von Fugen (Fertigteilverbindungen) (1996).
Von *Marko Bida* und *Klaus-Peter Grote.* 31,20 EUR

465: Dichtschichten aus hochfestem Faserbeton.
Von *Martina Lemberg.*
Dichtheit von Faserbetonbauteilen (synthetische Fasern) (1996).
Von *Johann-Dietrich Wörner, Christiane Imhof-Zeitler* und *Martina Lemberg.* 29,00 EUR

466: Grundlagen und Bemessungshilfen für die Rissbreitenbeschränkung im Stahlbeton und Spannbeton sowie Kom-mentare, Hintergrundinformationen und Anwendungsbeispiele zu den Regelungen nach DIN 1045. EC2 und Model Code 90 (1996).
Von *Gert König* und *Nguyen Viet Tue.* 21,50 EUR

467: Verstärken von Betonbauteilen – Sachstandsbericht – (1996).
Von *Horst Georg Schäfer* u. a. 18,30 EUR

468: Stahlfaserbeton für Dicht- und Verschleißschichten auf Betonkonstruktionen.
Von *Burkhard Wienke.*
Einfluss von Stahlfasern auf das Verschleißverhalten von Betonen unter extremen Betriebsbedingungen in Bunkern von Abfallbehandlungsanlagen (1996).
Von *Thomas Höcker.* 26,90 EUR

469: Schadensablauf bei Korrosion der Spannbewehrung (1996).
Von *Gert König, Nguyen Viet Tue, Thomas Bauer* und *Dieter Pommerening.* 16,10 EUR

470: Anforderungen an Stahlbetonlager thermischer Behandlungsanlagen für feste Siedlungsabfälle.
Von *Georg Zimmermann.*
Temperaturbeanspruchungen in Stahlbetonlagern für feste Siedlungsabfälle (1996).
Von *Ralf Brüning.* 36,50 EUR

471: Zum Bruchverhalten von hochfestem Beton bei einer Zugbeanspruchung durch formschlüssige Verankerungen (1997).
Von *Ralf Zeitler.* 17,20 EUR

472: Segmentbalken mit Vorspannung ohne Verbund unter kombinierter Beanspruchung aus Torsion, Biegung und Querkraft.
Von *Horst Falkner, Manfred Teutsch* und *Zhen Huang.*
Eurocode 8: Tragwerksplanung von Bauten in Erdbebengebieten Grundlagen, Anforderungen. Vergleich mit DIN 4149 (1997).
Von *Dan Constantinescu.* 16,10 EUR

473: Zum Verbundtragverhalten laschenverstärkter Betonbauteile unter nicht vorwiegend ruhender Beanspruchung.
Von *Christoph Hankers.*
Ingenieurmodelle des Verbunds geklebter Bewehrung für Betonbauteile (1997).
Von *Peter Holzenkämpfer.* 30,00 EUR

474: Injizierte Risse unter Medien- und Lasteinfluss.
Teil I: Grundlagenversuche.
Von *Horst Falkner, Manfred Teutsch, Thies Claußen, Jürgen Günther* und *Sabine Rohde.*
Teil 2: Bauteiluntersuchungen.
Von *Hans-Wolf Reinhardt, Massimo Sosoro, Friedrich Paul* und *Xiao-feng Zhu.*
Oberflächenschutzmaßnahmen zur Erhöhung der chemischen Dichtungswirkung.
Von *Klaus Littmann.*
Korrosionsschutz der Bewehrung bei Einwirkung umweltgefährdender Flüssigkeiten (1997).
Von *Romain Weydert* und *Peter Schießl.* 27,90 EUR

475: Transport organischer Flüssigkeiten in Betonbauteilen mit Mikro- und Biegerissen.
Von *Xiao-feng Zhu.*
Eindring- und Durchströmungsvorgänge umweltgefährdender Stoffe an feinen Trennrissen in Beton (1997).
Von *Detlef Bick, Heiner Cordes* und *Heinrich Trost.* vergriffen

Heft

476: Zuverlässigkeit des Verpressens von Spannkanälen unter Berücksichtigung der Unsicherheiten auf der Baustelle (1997).
Von *Ferdinand S. Rostásy* und *Alex-W. Gutsch*. 25,70 EUR

477: Einfluss bruchmechanischer Kenngrößen auf das Biege- und Schubtragverhalten hochfester Betone (1997).
Von *Rainer Grimm*. 27,90 EUR

478: Tragfähigkeit von Druckstreben und Knoten in D-Bereichen (1997).
Von *Wolfgang Sundermann* und *Kurt Schäfer*. 29,00 EUR

479: Über das Brandverhalten punktgestützter Stahlbetonplatten (1997).
Von *Karl Kordina*. 25,70 EUR

480: Versagensmodell für schubschlanke Balken (1997).
Von *Jürgen Fischer*. 19,30 EUR

481: Sicherheitskonzept für Bauten des Umweltschutzes.
Von *Daniela Kiefer*.
Erfahrungen mit Bauten des Umweltschutzes.
Von *Johann-Dietrich Wörner, Daniela Kiefer* und *Hans-Werner Nordhues*.
Qualitätskontrollmaßnahmen bei Betonkonstruktionen (1997).
Von *Otto Kroggel*. 21,50 EUR

482: Rissbreitenbeschränkung zwangbeanspruchter Bauteile aus hochfestem Normalbeton (1997).
Von *Harald Bergner*. 25,70 EUR

483: Durchlässigkeitsgesetze für Flüssigkeiten mit Feinstoffanteilen bei Betonbunkern von Abfallbehandlungsanlagen.
Von *Klaus-Peter Grote*.
Einfluss von Stahlfasern auf die Durchlässigkeit von Beton (1997).
Von *Ralf Winterberg*. 22,60 EUR

484: Grenzen der Anwendung nichtlinearer Rechenverfahren bei Stabtragwerken und einachsig gespannten Platten.
Von *Rolf Eligehausen* und *Eckhart Fabritius*.
Rotationsfähigkeit von plastischen Gelenken im Stahl- und Spannbetonbau.
Von *Longfei Li*.
Verdrehfähigkeit plastizierter Trag--werksbereiche im Stahlbetonbau (1998).
Von *Peter Langer*. 37,60 EUR

485: Verwendung von Bitumen als Gleitschicht im Massivbau.
Von *Manfred Curbach* und *Thomas Bösche*.
Versuche zur Eignung industriell gefertigter Bitumenbahnen als Bitumengleitschicht (1998).
Von *Manfred Curbach* und *Thomas Bösche*. 21,50 EUR

486: Trag- und Verformungsverhalten von Rahmenknoten (1998).
Von *Karl Kordina, Manfred Teutsch* und *Erhard Wegener*. 34,30 EUR

487: Dauerhaftigkeit hochfester Betone (1998).
Von *Ulf Guse* und *Hubert K. Hilsdorf*. 19,30 EUR

488: Sachstandsbericht zum Einsatz von Textilien im Massivbau (1998).
Von *Manfred Curbach* u. a. 22,60 EUR

Heft

489: Mindestbewehrung für verformungsbehinderte Betonbauteile im jungen Alter (1998).
Von *Udo Paas*. 23,60 EUR

490: Beschichtete Bewehrung. Ergebnisse sechsjähriger Auslagerungsversuche.
Von *Klaus Menzel, Frank Schulze* und *Hans-Wolf Reinhardt*.
Kontinuierliche Ultraschallmessung während des Erstarrens und Erhärtens von Beton als Werkzeug des Qualitätsmanagements (1998).
Von *Hans-Wolf Reinhardt, Christian U. Große* und *Alexander Herb*. 18,30 EUR

491: Der Einfluss der freien Schwingungen auf ausgewählte dynamische Parameter von Stahlbetonbiegeträgern (1999).
Von *Manfred Specht* und *Michael Kramp*. 31,20 EUR

492: Nichtlineares Last-Verformungs-Verhalten von Stahlbeton- und Spannbetonbauteilen, Verformungsvermögen und Schnittgrößenermittlung (1999).
Von *Gert König, Dieter Pommerening* und *Nguyen Viet Tue*. 26,90 EUR

493: Leitfaden für die Erfassung und Bewertung der Materialien eines Abbruchobjektes (1999).
Von *Theo Rommel, Wolfgang Katzer, Gerhard Tauchert* und *Jie Huang*. 18,80 EUR

494: Tragverhalten von Stahlfaserbeton (1999).
Von *Yong-zhi Lin*. 23,60 EUR

495: Stoffeigenschaften jungen Betons; Versuche und Modelle (1999).
Von *Alex-W. Gutsch*. 29,50 EUR

496: Entwerfen und Bemessen von Betonbrücken ohne Fugen und Lager (1999).
Von *Stephan Engelsmann, Jörg Schlaich* und *Kurt Schäfer*. 25,70 EUR

497: Entwicklung von Verfahren zur Beurteilung der Kontaminierung der Baustoffe vor dem Abbruch (Schnellprüfverfahren) (2000).
Von *Jochen Stark* und *Peter Nobst*. 20,90 EUR

498: Kriechen von Beton unter Zugbeanspruchung (2000).
Von *Karl Kordina, Lothar Schubert* und *Uwe Troitzsch*. 16,70 EUR

499: Tragverhalten von stumpf gestoßenen Fertigteilstützen aus hochfestem Beton (2000).
Von *Jens Minnert*. 29,00 EUR

500: BiM-Online – Das interaktive Informationssystem zu „Baustoffkreislauf im Massivbau" (2000).
Von *Hans-Wolf Reinhardt, Marcus Schreyer* und *Joachim Schwarte*. 21,50 EUR

501: Tragverhalten und Sicherheit betonstahlbewehrter Stahlfaserbetonbauteile (2000).
Von *Ulrich Gossla*. 20,40 EUR

502: Witterungsbeständigkeit von Beton. 3. Bericht (2000).
Von *Wilhelm Manns* und *Kurt Zeus*. 17,80 EUR

Heft

503: Untersuchungen zum Einfluss der bezogenen Rippenfläche von Bewehrungsstäben auf das Tragverhalten von Stahlbetonbauteilen im Gebrauchs- und Bruchzustand (2000).
Von *Rolf Eligehausen* und *Utz Mayer*. 20,90 EUR

504: Schubtragverhalten von Stahlbetonbauteilen mit rezyklierten Zuschlägen (2000).
Von *Sufang Lü*. 24,70 EUR

505: Biegetragverhalten von Stahlbetonbauteilen mit rezyklierten Zuschlägen (2000).
Von *Matthias Meißner*. 29,00 EUR

506: Verwertung von Brechsand aus Bauschutt (2000).
Von *Christoph Müller* und *Bernd Dora*. 24,70 EUR

507: Betonkennwerte für die Bemessung und Verbundverhalten von Beton mit rezykliertem Zuschlag (2000).
Von *Konrad Zilch* und *Frank Roos*. 19,30 EUR

508: Zulässige Toleranzen für die Abweichungen der mechanischen Kennwerte von Beton mit rezykliertem Zuschlag (2000).
Von *Johann-Dietrich Wörner, Pieter Moerland, Sabine Giebenhain, Harald Kloft* und *Klaus Leiblein*. 16,70 EUR

509: Bruchmechanisches Verhalten jungen Betons (2000).
Von *Karim Hariri*. 24,70 EUR

510: Probabilistische Lebensdauerbemessung von Stahlbetonbauwerken – Zuverlässigkeitsbetrachtungen zur wirksamen Vermeidung von Bewehrungskorrosion (2000).
Von *Christoph Gehlen*. 24,20 EUR

511: Hydroabrasionsverschleiß von Betonoberflächen.
Beton und Mörtel für die Instandsetzung verschleißgeschädigter Betonbauteile im Wasserbau (2000).
Von *Gesa Haroske, Jan Vala* und *Ulrich Diederichs*. 27,40 EUR

512: Zwang und Rissbildung infolge Hydratationswärme – Grundlagen Berechnungsmodelle und Tragverhalten (2000).
Von *Benno Eierle* und *Karl Schikora*. 27,40 EUR

513: Beton als kreislaufgerechter Baustoff (2001).
Von *Christoph Müller*. 65,50 EUR

514: Einfluss von rezykliertem Zuschlag aus Betonbruch auf die Dauerhaftigkeit von Beton.
Von *Beatrix Kerkhoff* und *Eberhard Siebel*.
Einfluss von Feinstoffen aus Betonbruch auf den Hydratationsfortschritt.
Von *Walter Wassing*.
Recycling von Beton, der durch eine Alkalireaktion gefährdet oder bereits geschädigt ist.
Von *Wolfgang Aue*.
Frostwiderstand von rezykliertem Zuschlag aus Altbeton und mineralischen Baustoffgemischen (Bauschutt) (2001).
Von *Stefan Wies* und *Wilhelm Manns*. 48,60 EUR

Heft

515: Analytische und numerische Untersuchungen des Durchstanzverhaltens punktgestützter Stahlbetonplatten (2001).
Von *Markus Anton Staller.* 43,50 EUR

516: Sachstandbericht Selbstverdichtender Beton (SVB) (2001).
Von *Hans-Wolf Reinhardt, Wolfgang Brameshuber, Geraldine Buchenau, Frank Dehn, Horst Grube, Peter Grübl, Bernd Hillemeier, Martin Jooß, Bert Kilanowski, Thomas Krüger, Christoph Lemmer, Viktor Mechterine, Harald Müller, Thomas Müller, Markus Plannerer, Andreas Rogge, Andreas Schaab, Angelika Schießl* und *Stephan Uebachs.* 33,80 EUR

517: Verformungsverhalten und Tragfähigkeit dünner Stege von Stahlbeton- und Spannbetonträgern mit hoher Betongüte (2001).
Von *Karl-Heinz Reineck, Rolf Wohlfahrt* und *Harianto Hardjasaputra.* 54,20 EUR

518: Schubtragfähigkeit längsbewehrter Porenbetonbauteile ohne Schubbewehrung.
Thermische Vorspannung bewehrter Porenbetonbauteile.
Kriechen von unbewehrtem Porenbeton.
Kriechen des Porenbetons im Bereich der zur Verankerung der Längsbewehrung dienenden Querstäbe und Tragfähigkeit der Verankerung (2001).
Von *Ferdinand Daschner* und *Konrad Zilch.* 55,90 EUR

519: Betonbau beim Umgang mit wassergefährdenden Stoffen. Zweiter Sachstandsbericht mit Beispielsammlung (2001).
Von *Rolf Breitenbücher, Franz-Josef Frey, Horst Grube, Wilhelm Kanning, Klaus Lehmann, Hans-Wolf Reinhardt, Bernd Schnütgen, Manfred Teutsch, Günter Timm* und *Johann-Dietrich Wörner.* 52,10 EUR

520: Frühe Risse in massigen Betonbauteilen – Ingenieurmodelle für die Planung von Gegenmaßnahmen (2001).
Von *Ferdinand S. Rostásy* und *Matias Krauß.* 39,20 EUR

521: Sachstandbericht Nachhaltig Bauen mit Beton (2001).
Von *Hans-Wolf Reinhardt, Wolfgang Brameshuber, Carl-Alexander Graubner, Peter Grübl, Bruno Hauer, Katja Hüske, Julian Kümmel, Hans-Ulrich Litzner, Heiko Lünser, Dieter Rußwurm.* 31,10 EUR

522: Anwendung von hochfestem Beton im Brückenbau.
Von *Konrad Zilch* und *Markus Hennecke.*
Erfahrungen mit Entwurf, Ausschreibung, Vergabe und Tragwerksplanung.
Von *André Müller, Hans Pfisterer, Jürgen Weber* und *Konrad Zilch.*
Erfahrungen mit der Bauausführung und Maßnahmen zur Gewährleistung der geforderten Qualität.
Von *Markus Hennecke, Gert Leonhardt* und *Rolf Stahl.*
Betontechnologie (2002).
Von *Volker Hartmann* und *Werner Schrub.* 37,60 EUR

Heft

523: Beständigkeit verschiedener Betonarten im Meerwasser und in sulfathaltigem Wasser (2003).
Von *Ottokar Hallauer.* 96,10 EUR

524: Mehraxiale Festigkeit von duktilem Hochleistungsbeton (2002).
Von *Manfred Curbach* und *Kerstin Speck.* 68,30 EUR

525: Erläuterungen zu DIN 1045-1; 2. überarbeitete Auflage (2010) 64,30 EUR

526: Erläuterungen zu den Normen DIN EN 206-1, DIN 1045-2, DIN 1045-3, DIN 1045-4 und DIN EN 12620; 2. überarbeitete Auflage (2011). 88,40 EUR

527: Füllen von Rissen und Hohlräumen in Betonbauteilen (2006).
Von *Angelika Eßer.* 58,40 EUR

528: Schubtragfähigkeit von Betonergänzungen an nachträglich aufgerauten Betonoberflächen bei Sanierungs- und Ertüchtigungsmaßnahmen (2002).
Von *Konrad Zilch* und *Jürgen Mainz.* 20,80 EUR

529: Betonwaren mit Recyclingzuschlägen.
Von *Christoph Müller* und *Peter Schießl.*
Rezyklieren von Leichtbeton (2002).
Von *Hans-Wolf Reinhardt* und *Julian Kümmel.* 32,20 EUR

530: Nachweise zur Sicherheit beim Abbruch von Stahlbetonbauwerken durch Sprengen.
Von *Josef Eibl, Andreas Plotzitza, Nico Herrmann.*
Sprengtechnischer Abbruch, Erprobung und Optimierung (2000).
Von *Hans-Ulrich Freund, Gerhard Duseberg, Steffen Schumann, Helmut Roller, Walter Werner.* 36,50 EUR

531: Großtechnische Versuche zur Nassaufbereitung von Recycling-Baustoffen mit der Setzmaschine.
Von *Harald Kurkowski* und *Klaus Mesters.*
Einflüsse der Aufbereitung von Bauschutt für eine Verwendung als Betonzuschlag (2003).
Von *Werner Reichel* und *Petra Heldt.* 42,80 EUR

532: Die Bemessung und Konstruktion von Rahmenknoten. Grundlagen und Beispiele gemäß DIN 1045-1(2002).
Von *Josef Hegger* und *Wolfgang Roeser.* 62,80 EUR

533: Rechnerische Untersuchung der Durchbiegung von Stahlbetonplatten unter Ansatz wirklichkeitsnaher Steifigkeiten und Lagerungsbedingungen und unter Berücksichtigung zeitabhängiger Verformungen (2006).
Von *Konrad Zilch* und *Uli Donaubauer.*
Zum Trag- und Verformungsverhalten bewehrter Betonquerschnitte im Grenzzustand der Gebrauchstauglichkeit.
Von *Wolfgang Krüger* und *Olaf Mertzsch.* 67,70 EUR

534: Sicherheitskonzept für nichtlineare Traglastverfahren im Betonbau (2003).
Von *Michael Six.* 51,90 EUR

535: Rotationsfähigkeit von Rahmenecken (2002).
Von *Jan Akkermann* und *Josef Eibl.* 43,70 EUR

Heft

537: Zum Einfluss der Oberflächengestalt von Rippenstählen auf das Trag- und Verformungsverhalten von Stahlbetonbauteilen (2003).
Von *Utz Mayer.* 44,20 EUR

538: Analyse der Transportmechanismen für wassergefährdende Flüssigkeiten in Beton zur Berechnung des Medientransportes in ungerissene und gerissene Betondruckzonen (2002).
Von *Norbert Brauer.* 45,40 EUR

539: Alkalireaktion im Bauwerksbeton. Ein Erfahrungsbericht (2003).
Von *Wilfried Bödeker.* 26,30 EUR

540: Trag- und Verformungsverhalten von Stahlbetontragwerken unter Betriebsbelastung (2003).
Von *Thomas M. Sippel.* 27,30 EUR

541: Das Ermüdungsverhalten von Dübelbefestigungen (2003).
Von *Klaus Block und Friedrich Dreier.* 38,80 EUR

542: Charakterisierung, Modellierung und Bewertung des Auslaugverhaltens umweltrelevanter, anorganischer Stoffe aus zementgebundenen Baustoffen (2003).
Von *Inga Hohberg.* 52,40 EUR

543: Mikrostrukturuntersuchungen zum Sulfatangriff bei Beton (2003).
Von *Winfried Malorny.* 19,60 EUR

544: Hochfester Beton unter Dauerzuglast (2003).
Von *Tassilo Rinder.* 37,70 EUR

545: Gebrauchsverhalten von Bodenplatten aus Beton unter Einwirkungen infolge Last und Zwang (2004).
Von *Peter Niemann.* 65,00 EUR

546: Zu Deckenscheiben zusammengespannte Stahlbetonfertigteile für demontable Gebäude (2003).
Von *Georg Christian Weiß.* 39,90 EUR

547: Durchstanzen von Bodenplatten unter rotationssymmetrischer Belastung (2004).
Von *Maike Timm.* 49,10 EUR

548: Die Druckfestigkeit von gerissenen Scheiben aus Hochleistungsbeton und selbstverdichtendem Beton unter Berücksichtigung des Einflusses der Rissneigung (2005).
Von *Angelika Schießl.* 56,30 EUR

549: Zum Gebrauchs- und Tragverhalten von Tunnelschalen aus Stahlfaserbeton und stahlfaserverstärktem Stahlbeton (2004).
Von *Olaf Hemmy.* 74,20 EUR

550: Zur Querkrafttragfähigkeit von Balken aus stahlfaserverstärktem Stahlbeton (2004).
Von *Joachim Rosenbusch.* 47,60 EUR

551: Zur Wirkung von Steinkohlenflugasche auf die chloridinduzierte Korrosion von Stahl in Beton (2005).
Von *Udo Wiens.* 63,30 EUR

552: Randbedingungen bei der Instandsetzung nach dem Schutzprinzip W bei Bewehrungskorrosion im karbonatisierten Beton (2005).
Von *Romain Weydert.* 38,50 EUR

Heft

553: Traglast unbewehrter Beton- und Mauerwerkswände – Nichtlineares Berechnungsmodell und konsistentes Bemessungskonzept für schlanke Wände unter Druckbeanspruchung (2005).
Von *Christian Glock.* 67,70 EUR

554: Sachstandbericht Sulfatangriff auf Beton (2006).
Von *R. Breitenbücher, D. Heinz, K. Lipus, J. Paschke, G. Thielen, L. Urbanos, F. Wisotzky.* 50,80 EUR

555: Erläuterungen zur DAfStb-Richtlinie „Wasserundurchlässige Bauwerke aus Beton" (2006). 18,10 EUR

556: Probabilistischer Nachweis der Wirksamkeit von Maßnahmen gegen frühe Trennrisse in massigen Betonbauteilen (2006).
Von *Matias Krauß.* 52,40 EUR

557: Querkrafttragfähigkeit von Stahlbeton- und Spannbetonbalken aus Normal- und Hochleistungsbeton (2007).
Von *Josef Hegger, Stephan Görtz.* 35,50 EUR

558: Zur Dauerhaftigkeit von AR-Glasbewehrung in Textilbeton (2005).
Von *Jeanette Orlowsky.* 35,50 EUR

559: Herstellungszustand verformungsbehinderter Bodenplatten aus Beton (2006).
Von *Silke Agatz.* 36,00 EUR

560: Sachstandbericht Übertragbarkeit von Frost-Laborprüfungen auf Praxisverhältnisse (2005).
Von *E. Siebel, W. Brameshuber, Ch. Brandes, U. Dahme, F. Dehn, K. Dombrowski, V. Feldrappe, U. Frohburg, U. Guse, A. Huß, E. Lang, L. Lohaus, Ch. Müller, H. S. Müller, S. Palecki, L. Petersen, P. Schröder, M. J. Setzer, F. Weise, A. Westendarp, U. Wiens.* 36,00 EUR

561: Sachstandbericht Ultrahochfester Beton (2008).
Von *M. Schmidt, R. Bornemann, K. Bunje, F. Dehn, K. Droll, E. Fehling, S. Greiner, J. Horvath, E. Kleen, Ch. Müller, K.-H. Reineck, I. Schachinger, T. Teichmann, M. Teutsch, R. Thiel, N. V. Tue.* 39,30 EUR

562: Eigenschaften von wärmebehandeltem Selbstverdichtendem Beton (2006).
Von *Michael Stegmaier.* 54,60 EUR

563: Zur wasserstoffinduzierten Spannungsrisskorrosion von hochfesten Spannstählen – Untersuchungen zur Dauerhaftigkeit von Spannbetonbauteilen (2005).
Von *Jörg Moersch.* 38,80 EUR

564: Experimentelle und theoretische Untersuchungen der Frischbetoneigenschaften von Selbstverdichtendem Beton (2006).
Von *Timo Wüstholz.* 45,40 EUR

565: Zerstörungsfreie Prüfverfahren und Bauwerksdiagnose im Betonbau – Beiträge zur Fachtagung des Deutschen Ausschusses für Stahlbeton in Zusammenarbeit mit der Bundesanstalt für Materialforschung und -prüfung, 11.03.2005 Berlin (2006). 27,80 EUR

Heft

566: Untersuchung des Trag- und Verformungsverhaltens von Stahlbetonbalken mit großen Öffnungen (2007).
Von *Martina Schnellenbach-Held, Stefan Ehmann, Carina Neff.* 36,20 EUR

567: Sachstandbericht Frischbetondruck fließfähiger Betone (2006).
Von *C.-A. Graubner, H. Beitzel, M. Beitzel, W. Brameshuber, M. Brunner, F. Dehn, S. Glowienka, R. Hertle, J. Huth, O. Leitzbach, L. Meyer, Ch. Motzko, H. S. Müller, H. Schuon, T. Proske, M. Rathfelder, S. Uebachs.* 24,60 EUR

568: Abschätzung der Wahrscheinlichkeit tausalzinduzierter Bewehrungskorrosion – Baustein eines Systems zum Lebenszyklusmanagement von Stahlbetonbauwerken (2007).
Von *Sascha Lay.* 47,30 EUR

569: Sachstandbericht Hüttensandmehl als Betonzusatzstoff – Sachstand und Szenarien für die Anwendung in Deutschland (2007).
Von *O. Aßbrock, W. Brameshuber, A. Ehrenberg, D. Heinz, E. Lang, Ch. Müller, R. Pierkes, E. Siebel.* 33,30 EUR

570: Einfluss der Mischungszusammensetzung auf die frühen autogenen Verformungen der Bindemittelmatrix von Hochleistungsbetonen (2007).
Von *Patrick Fontana.* 38,20 EUR

571: Konzentrierte Lasteinleitung in dünnwandige Bauteile aus textilbewehrtem Beton (2008).
Von *Manfred Curbach, Kerstin Speck.* 36,50 EUR

572: Schlussberichte zur ersten Phase des DAfStb/BMBF-Verbundforschungsvorhabens „Nachhaltig Bauen mit Beton" (2007). 97,80 EUR

573: Korrosionsmonitoring und Bruchortung vorgespannter Zugglieder in Bauwerken (2008).
Von *Alexander Holst.* 66,60 EUR

574: Zur Validierung quantitativer zerstörungsfreier Prüfverfahren im Stahlbetonbau am Beispiel der Laufzeitmessung (2008).
Von *Alexander Taffe.* 52,90 EUR

575: Verbundverhalten von Klebebewehrung unter Betriebsbedingungen (2009).
Von *Kurt Borchert.* 60,10 EUR

576: Mechanismen der Blasenbildung bei Reaktionsharzbeschichtungen auf Beton (2009).
Von *Lars Wolff.* 52,50 EUR

577: Zusammenfassender Bericht zum Verbundforschungsvorhaben „Übertragbarkeit von Frost-Laborprüfungen auf Praxisverhältnisse" (2010).
Von *Harald S. Müller, Ulf Guse.* 27,40 EUR

578: Experimentelle Analyse des Tragverhaltens von Hochleistungsbeton unter mehraxialer Beanspruchung (2011).
Von *Manfred Curbach, Silke Scheerer, Kerstin Speck, Torsten Hampel.* 126,00 EUR

579: Modellierung des Feuchte- und Salztransports unter Berücksichtigung der Selbstabdichtung in zementgebundenen Baustoffen (2010).
Von *Petra Rucker-Gramm.* 69,00 EUR

Heft

580: Zur Korrosion von Stahlschalungen in Fertigteilwerken (2011).
Von *Till F. Mayer.* 51,90 EUR

581: Verwendung von Steinkohlenflugasche zur Vermeidung einer schädigenden Alkali-Kieselsäure-Reaktion im Beton (2010).
Von Karl Schmidt. 65,00 EUR

582: Betonbauteile mit Bewehrung aus Faserverbundkunststoff (FVK) (2010).
Von *Jörg Niewels, Josef Hegger.* 64,30 EUR

583: Beitrag zu den Schädigungsmechanismen in Betonen mit langsam reagierender alkaliempfindlicher Gesteinskörnung (2010).
Von *Oliver Mielich.* 65,30 EUR

584: Verbundforschungsvorhaben „Nachhaltig Bauen mit Beton"
Potenziale des Sekundärstoffeinsatzes im Betonbau – Teilprojekt B.
Von *Bruno Hauer, Roland Pierkes, Stefan Schäfer, Maik Seidel, Tristan Herbst, Katrin Rübner, Birgit Meng.*
Effiziente Sicherstellung der Umweltverträglichkeit von Beton – Teilprojekt E (2011).
Von *Wolfgang Brameshuber, Anya Vollpracht, Joachim Hannawald, Holger Nebel.* 87,70 EUR

585: Verbundforschungsvorhaben „Nachhaltig Bauen mit Beton"
Ressourcen- und energieeffiziente, adaptive Gebäudekonzepte im Geschossbau – Teilprojekt C (2011).
Von *Josef Hegger, Tobias Dreßen, Norbert Will, Hartwig N. Schneider, Christian Fensterer, Norbert Hanenberg, Marten F. Brunk, Thorsten Bleyer, Konrad Zilch , Christian Mühlbauer, Roland Niedermeier, André Müller, Andreas Haas, Ingo Heusler, Herbert Sinnesbichler.* 69,40 EUR

586: Verbundforschungsvorhaben „Nachhaltig Bauen mit Beton"
Lebenszyklusmanagementsystem zur Nachhaltigkeitsbeurteilung – Teilprojekt D (2011).
Von *Peter Schießl, Christoph Gehlen, Marc Zintel, Ernst Rank, André Borrmann, Katharina Lukas, Harald Budelmann, Martin Empelmann, Gunnar Heumann, Tilman W. Starck, Sylvia Keßler.* 50,00 EUR

587: Verbundforschungsvorhaben „Nachhaltig Bauen mit Beton"
Informationssystem „NBB-Info" – Teilprojekt F (2011).
Von *Hans-Wolf Reinhardt, Joachim Schwarte, Christian Piehl.* 38,80 EUR

588: Der Stadtbaustein im DAfStb/BMBF-Verbundforschungsvorhaben „Nachhaltig Bauen mit Beton" – Dossier zu Nachhaltigkeitsuntersuchungen – Teilprojekt A.
Von *Carl-Alexander Graubner, Thorsten Bleyer, Marten F. Brunk, Tobias Dreßen, Christian Fensterer, Christoph Gehlen, Andreas Haas, Norbert Hanenberg, Bruno Hauer, Josef Hegger, Ingo Heusler, Sylvia Keßler, Torsten Mielecke, Christian Piehl, Hans-Wolf Reinhardt, Carolin Roth, Peter Schießl, Hartwig N. Schneider, Joachim Schwarte, Herbert Sinnesbichler, Udo Wiens, Konrad Zilch.* 56,20 EUR

Heft

589: Zerstörungsfreie Ortung von Gefügestörungen in Betonbodenplatten (2010).
Von *Harald S. Müller, Martin Fenchel, Herbert Wiggenhauser, Christiane Maierhofer, Martin Krause, Andre Gardei, Frank Mielentz, Boris Milman, Mathias Röllig, Jens Wöstmann.* 84,60 EUR

590: Materialverhalten von hochfestem Beton unter thermomechanischer Beanspruchung (2010).
Von *Sven Huismann.* 65,00 EUR

591: Sachstandbericht Verstärken von Betonbauteilen mit geklebter Bewehrung (2011).
Von *Konrad Zilch, Roland Niedermeier, Wolfgang Finckh.* 77,50 EUR

592: Praxisgerechte Bemessungsansätze für das wirtschaftliche Verstärken von Betonbauteilen mit geklebter Bewehrung – Verbundtragfähigkeit unter statischer Belastung
Von *Konrad Zilch, Roland Niedermeier, Wolfgang Finckh.* 71,20 EUR

593: Praxisgerechte Bemessungsansätze für das wirtschaftliche Verstärken von Betonbauteilen mit geklebter Bewehrung – Verbundtragfähigkeit unter nicht ruhender Belastung (2013)
Von *Harald Budelmann, Thorsten Leusmann.* 44,50 EUR

594: Praxisgerechte Bemessungsansätze für das wirtschaftliche Verstärken von Betonbauteilen mit geklebter Bewehrung – Querkrafttragfähigkeit
Von *Konrad Zilch, Roland Niedermeier, Wolfgang Finckh.* 50,40 EUR

595: Erläuterungen und Beispiele zur DAfStb-Richtlinie „Verstärken von Betonbauteilen mit geklebter Bewehrung" (2013)
Von *Konrad Zilch.* 50,80 EUR

595 (en): Commentary on the DAfStb Guideline "Strengthening of concrete members with adhesively bonded reinforcement" with Examples (2014) 63,50 EUR

596: Vereinfachtes Rechenverfahren zum Nachweis des konstruktiven Brandschutzes bei Stahlbeton-Kragstützen (2013).
Von *Dietmar Hosser, Ekkehard Richter.* 25,60 EUR

597: Erweiterte Datenbanken zur Überprüfung der Querkraftbemessung für Konstruktionsbetonbauteile mit und ohne Bügel (2012).
Von *Karl-Heinz Reineck, Daniel A. Kuchma, Birol Fitik.* 192,40 EUR

598: Mischungsentwurf und Fließeigenschaften von Selbstverdichtendem Beton (SVB) vom Mehlkorntyp unter Berücksichtigung der granulometrischen Eigenschaften der Gesteinskörnung (2012).
Von *Andreas Huß.* 57,30 EUR

599: Bewehren nach Eurocode 2 (2013).
Von *Josef Hegger, Martin Empelmann, Jürgen Schnell, Jörg Moersch, Christian Albrecht, Guido Bertram, Norbert Brauer, Thomas Sippel, Marco Wichers.* 98,80 EUR

600: Teil 1: Erläuterungen zu DIN EN 1992-1-1 und DIN EN 1992-1-1/NA 2. überarbeitete Auflage (2020). 98,80 EUR

Heft

601: Dauerhaftigkeitsbemessung von Stahlbetonbauteilen auf Bewehrungskorrosion – Teil 1: Systemparameter der Bewehrungskorrosion (2012).
Von *Peter Schießl, Kai Osterminski, Bernd Isecke, Matthias Beck, Andreas Burkert, Jens Lehmann, Armin Faulhaber, Michael Raupach, Jörg Harnisch, Jürgen Warkus, Wei Tian, Christoph Gehlen.* 50,80 EUR

602: Dauerhaftigkeitsbemessung von Stahlbetonbauteilen auf Bewehrungskorrosion – Teil 2: Dauerhaftigkeitsbemessung (2012).
Von *Harald S. Müller, Edgar Bohner, Christian Fischer, Joško Ožbolt, Christoph Gehlen, Kai Osterminski, Peter Schießl, Stefanie von Greve-Dierfeld.* 68,60 EUR

603: Gütebewertung qualitativer Prüfaufgaben in der zerstörungsfreien Prüfung im Bauwesen am Beispiel des Impulsradarverfahrens (2012).
Von *Sascha Feistkorn.* 70,80 EUR

604: Frostbeanspruchung und Feuchtehaushalt in Betonbauwerken (2013).
Von *Frank Spörel.* 158,40 EUR

605: Zur Rheologie und den physikalischen Wechselwirkungen bei Zementsuspensionen (2012).
Von *Michael Haist.* 78,50 EUR

606: Unbewehrte Betonfahrbahnplatten unter witterungsbedingten Beanspruchungen (2014).
Von *Sam Foos.* 111,40 EUR

607: Modell zur Beschreibung des Eindringens von Chlorid in Beton von Verkehrsbauten (2013).
Von *Gesa Kapteina.* 63,90 EUR

608: Auswirkungen der Bewehrungskorrosion auf den Verbund zwischen Stahl und Beton (2013).
Von *Christian Fischer.* 58,20 EUR

609: Untersuchungen zum Verbundverhalten von Bewehrungsstäben mittels vereinfachter Versuchskörper (2013).
Von *Anke Wildermuth.* 132,60 EUR

610: Einfluss der Bauteilgeometrie auf die Korrosionsgeschwindigkeit von Stahl in Beton bei Makroelementbildung (2014).
Von *Jürgen Warkus.* 113,60 EUR

611: Sedimentationsverhalten und Robustheit Selbstverdichtender Betone (2014).
Von *Dirk Lowke.* 93,60 EUR

612: Bestimmung und Bewertung des elektrischen Widerstands von Beton mit geophysikalischen Verfahren (2014).
Von *Kenji Reichling.* 94,00 EUR

613: Untersuchungen zur Leistungsfähigkeit von nationalen und europäischen Instandsetzungsmörteln (2015).
Von *Wolfgang Breit, Joachim Schulze* und *Delphine Schwab* 49,30 EUR

614: Erläuterungen zur DAfStb-Richtlinie Stahlfaserbeton (2015). 38,30 EUR

614: (en): Commentary on the DAfStb Guideline „Steel Fibre Reinforced Concrete"(2015) 47,90 EUR

615: Erläuterungen zu DIN EN 1992-4 – Bemessung der Verankerung von Befestigungen in Beton. 149,80 EUR

Heft

615 (en): Commentary to EN 1992-4 – Design of Fastenings for use in Concrete 149,80 EUR

616: Sachstandbericht Bauen im Bestand – Teil I: Mechanische Kennwerte historischer Betone, Betonstähle und Spannstähle für die Nachrechnung von bestehenden Bauwerken.
Von *Jürgen Schnell, Konrad Zilch, Daniel Dunkelberg und Michael Weber.* 98,80 EUR

617 (en): ACI-DAfStb databases 2015 with shear tests for evaluating relationships for the shear design of structural concrete members without and with stirrups.
Von *Karl-Heinz Reineck, Daniel Dunkelberg.* 292,90 EUR

618: Sachstandbericht - Grenzzustände der Ermüdung von dynamisch hoch beanspruchten Tragwerken aus Beton.
Von *Jürgen Grünberg, Michael Hansen, Steffen Marx, Sebastian Schneider.* 72,40 EUR

619: Sachstandsbericht Bauen im Bestand – Teil II: Bestimmung charakteristischer Betondruckfestigkeiten und abgeleiteter Kenngrößen im Bestand
Von *Jürgen Schnell, Konrad Zilch, Daniel Dunkelberg und Michael Weber.* 61,65 EUR

620: Sachstandbericht
Verfahren zur Prüfung des Säurewiderstands von Beton.
Von *Jesko Gerlach und Ludger Lohaus.* 51,60 EUR

621: Zur Verwertbarkeit von Potentialfeldmessungen für die Zustandserfassung und -prognose von Stahlbetonbauteilen – Validierung und Einsatz im Lebensdauermanagement.
Von *Sylvia Keßler.* 82,40 EUR

622: Bemessungsregeln zur Sicherstellung der Dauerhaftigkeit XC-exponierter Stahlbetonbauteile.
Von *Stefanie Marilies von Greve-Dierfeld.* 113,40 EUR

623: Untersuchungen an 43 Jahre im Nordseeklima ausgelagerten Betonbalken.
Von *Kai Osterminski und Christoph Gehlen.*
Bemessung auf Dauerhaftigkeit mit Teilsicherheitsbeiwerten und mit qualifiziert abgesicherten deskriptiven Regeln.
Von *Stefanie Marilies von Greve-Dierfeld und Christoph Gehlen.* 74,85 EUR

624: Stoffgesetz zur Beschreibung des Kriech- und Relaxationsverhaltens junger normal- und hochfester Betone.
Von *Isabel Anders.* 81,70 EUR

625: Zum Querkrafttragverhalten von einachsig gespannten Stahlbetonplatten ohne Querkraftbewehrung unter Einzellasten.
Von *Karin Reißen.* 112,90 EUR

626: Semiprobabilistisches Nachweiskonzept zur Dauerhaftigkeitsbemessung und -bewertung von Stahlbetonbauteilen unter Chlorideinwirkung.
Von *Amir Rahimi.* 116,20 EUR

627 (en): Shear Strength Models for Reinforced and Prestressed Concrete Members.
Von *Martin Herbrand.* 72,30 EUR

Hinweis auf überarbeitete und ergänzte Hefte der Schriftenreihe des DAfStb:

Heft 220: 2. überarbeitete Auflage 1991
Heft 240: 3. überarbeitete Auflage 1991 (vergriffen)
Heft 400: 4. Auflage 1994 (3. berichtigter Nachdruck) vergriffen
Heft 425: 3. ergänzte Auflage 1997
Heft 525: 2. überarbeitete Auflage 2010
Heft 600: 2. überarbeitete Auflage 2020

DAfStb-Heft 647

Jetzt diesen Titel zusätzlich als E-Book downloaden und 70 % sparen!

Als Käufer dieses Buchtitels haben Sie Anspruch auf ein besonderes Kombi-Angebot: Sie können den Titel zusätzlich zum Ihnen vorliegenden gedruckten Exemplar für nur 30 % des Normalpreises als E-Book beziehen.

Der BESONDERE VORTEIL: Im E-Book recherchieren Sie in Sekundenschnelle die gewünschten Themen und Textpassagen. Denn die E-Book-Variante ist mit einer komfortablen Volltextsuche ausgestattet!

Deshalb: Zögern Sie nicht. Laden Sie sich am besten gleich Ihre persönliche E-Book-Ausgabe dieses Titels herunter.

In 3 einfachen Schritten zum E-Book:

1. Rufen Sie die Website **www.dinmedia.de/e-book** auf.

2. Geben Sie hier Ihren persönlichen, nur einmal verwendbaren E-Book-Code ein:

   65901KA17B83D1B

3. Klicken Sie das „Download-Feld“ an und gehen dann weiter zum Warenkorb. Führen Sie den normalen Bestellprozess aus.

Hinweis: Der E-Book-Code wurde individuell für Sie als Erwerber dieses Buches erzeugt und darf nicht an Dritte weitergegeben werden. Mit Zurückziehung dieses Buches wird auch der damit verbundene E-Book-Code für den Download ungültig.